KB159457

나노, 변방에서 중심으로

나노, 변방에서 중심으로

초판 1쇄 인쇄 2021년 2월 20일
초판 1쇄 발행 2021년 2월 24일

지은이 한상록
펴낸이 박현숙

기획 피뢰침
책임편집 맹한승
디자인 아르떼203

펴낸곳 도서출판 깊은샘
출판등록 1980년 2월 6일(제2-69)
주소 서울특별시 용산구 원효로80길 5-15 2층
전화 02-764-3018-9 **팩스** 02-764-3011
이메일 kpsm80@hanmail.net

ISBN 978-89-7416-257-3 03500
값 15,000원

나노, 변방에서 중심으로

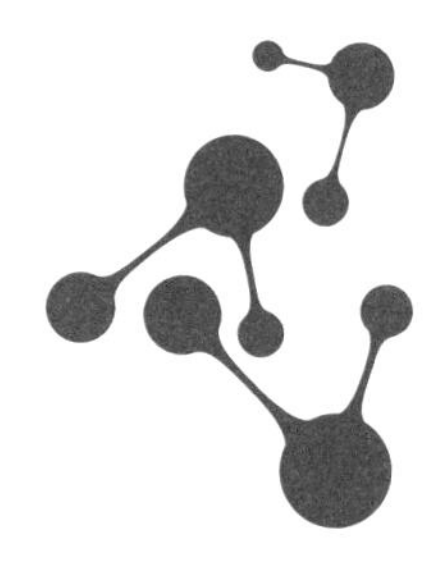

한상록(나노융합산업연구조합 전무이사) 지음

깊은샘

대한민국 나노산업화의 매치메이커와 함께한 역동의 시간들

— 이희국(나노조합 초대 이사장 / 전 LG전자 사장)

나노조합의 이사장직을 맡게 되다

나노융합산업연구조합(이하 '나노조합'이라 한다)과의 인연은 2001년 12월 창립총회부터 시작되었다. 당시 본인은 LG전자기술원장으로 재직 중이었는데, 나노조합 초대 이사장을 맡게 되었다. 하지만 이사장직을 16년간(2001. 12. ~ 2018. 2.)이나 맡게 될 줄은 전혀 예상하지 못했다.

2001년 나노조합 창립 당시를 돌이켜보면, 전 세계는 '새 천년'이라는 기대감에 들떠 있었고 각 국에서는 전략과 청사진이 쏟아지는 때였다. 나노기술전략은 그중에서도 대단했다. 미 클린턴 대통령의 『NNI전략』을 비롯하여 일본, EU, 중국 등 주요국이 앞 다투어 NT를 미래전략기술로 채택, 엄청난 예산을 반영하기 시작했다. 한국 정부도 발 빠르게 대응하였다. 『나노종합발전계획』, 『나노산업화전략』 및 『나노기술개발촉진법』의 추진과 큰 예산이 반영되고 있었다

정부는 나노기술의 연구와 개발에 더불어 산업화 촉진의 구심체가 필요했고 민간부문이 호응하여, 당시의 명칭인 『나노산업기술연구조합』이 출범하게 되었다. 회원사는 LG와 삼성의 여러 계열사를 비롯해서 24개사로 구성되었다

나노조합의 역동적 활동

처음 만나본 한 국장은 산업부에서 공무원 명예퇴직을 한 후인데, 의욕이 충만하였다. 열정이 있어 보였고 저돌적이기도 했다. 잘 다듬으면 재목이 되겠다는 생각이 들었다. 그래서 처음 6개월 정도 업무 파악과 조합의 향후 운영 방향에 대해 집중적으로 이야기를 나누었다. 나노조합 사무실은 우면동 LG전자기술원에서 걸어서 5분 거리에 위치하여 편리하였다. 매주 또는 격주로 1시간 정도 업무보고와 더불어 나노산업에 대해 기업의 관점을 이해시키려 노력했던 기억이 난다.

이사장을 맡았던 16년 동안 나는 LG전자기술원장을 거쳐 LG전자 CTO 사장, LG실트론 대표이사, ㈜LG 사장으로 일하였고 당연히 회사일에 우선적으로 집중해야 하므로 조합의 운영에 세부적으로 간여할 입장이 아니었고 그것이 바람직하다고 생각하지도 않았다. 큰 그림과 방향에 대하여 공유한 이후에는 사무국장과 직원들이 자율적으로 알아서 일하기를 원했는데 결과적으로 잘 되었다고 생각한다. 조합 사무국에서 자주 새로운 아이디어와 새 사업 추진계획에 대한 제안을 들었고 나는 대부분 동의하고 격려하는 입장이었다.

처음에는 직원 3명으로 출발했으니, 창립조직은 특성상 대외활동이 많아야 하고 내부적으로는 직접 기획을 할 수밖에 없는 상황이라 많은 어려움과 피로도가 높았을 것으로 짐작된다. 그러한 환경과 여건 속에서도 하나 둘 괄목할 만한 성과가 나오기 시작했다.

먼저 생각나는 것이 『제1회 나노코리아 국제심포지엄 및 전시회』 개최이다. 당시 나노기술의 태동기임에도 산업부와 과기부가 협조체제를 이루어 이 행사의 출범을 과감하게 실행에 옮길 수 있었다. 그 이후 한해도 거르지 않았고 2020년 기준, 18회를 개최하였고 제품 거래 및 신기술 발표가 한 자리에 이루어져 '세계 3대 전시 및 심포지엄'으로 성장하였다.

나노조합의 자매기관인 나노기술연구협의회(이하 '나노협의회'라 한다)는 연구자들로 구성된 네트워크로 학회 성격과 비슷하다. 심포지엄의 구심체이기도 하다. 한상록 국장은 초기 나노기술연구협의회 창립에 기여하였고 무보수로 사무국장을 겸직 수행함으로서 나노조합과 나노협의회 간 소통과 조화를 이루어 나노코리아 발전과 산학연관의 전폭적인 협력을 이루어냈다. 2021년 현재에도 양 기관은 나노코리아 심포지엄과 전시회를 공동주관하고 있다. 18년간 양 부처 공동주최, 양 기관 공동주관이라는 역사를 이어가고 있는 것이다.

나노조합 10년차인 2011년경 나노기술의 사업화가 기대에 미흡하다는 의견들이 나오기 시작했다. 이에 한 국장이 아이디어를 내고 산업부에 건의하여 『T^+2B 시연장』을 개설하였다. 이후 계속 발전하여 2021년 현재 150개사 제품이 전시되고 있고 공급기업은 물론 수요기업의 호응도 좋은 편이다. 실질 구매자인 수요기업에서 200명/년 정도 방문하고 있다 한다. 참여기업은 200개사로 엄청난 호응이다. 수도권에 위치한 이 『T^+2B 시연장』의 긍정적인 역할이 알려지자 같은 Needs를 느끼고 있었던 대전시의 제안으로 나노종합기술원 건물 내에 『대전 T^+2B 시연장』도 5년 전에 개설하였고 대전과 충청권은 물론 호남권의 기술 사업화의 중심이 되려고 노력하고 있다. 최근 여러 여건의 변화로 인해 T^+2B 사업이 『탄소나노협회』로 이관된다고 한다. 한층 더 발전하는 계기가 되길 바랄 뿐이다. 코로나시대에 대응하는 사업화전략이 절실하기도 하다.

글로벌 경제시대에 걸맞게 조합은 해외협력을 꾸준히 추진해왔다. 일본의 『나노텍 전시회』를 비롯, 이란 『나노페스티벌』, 중국 『더 치나노』, 체코, 캐나다, 베트남, 타이완 등과의 교류협력을 유지, 발전시키려고 한 국장이 직접 발로 뛰었다. 한 국장은 그 중 주요 파트너로 일본과 베트남을 1순위로 꼽는다. 국내 중소, 중견 나노기업들의 해외사업 진출과 확장에 이 전시회와 교류회가 상당한 기여를 해오고 있다고 믿는다.

또 조합의 발전을 위해서는 회원사의 발전과 성공이 절대적이며 회원사 입장에서는 어떤 일이든지 조합의 담당직원 한 사람에게만 연락하면 다 처리가 될 수 있게 하자는 방침으로 '1인1사 담당' 제도를 유지하고 있다.

내가 기억하는 한상록 국장

내가 기억하는 한상록 전무(임명 시는 '사무국장'이었고 지금도 '한 국장' 호칭이 더 편함)는 엄청난 열정, 집념, 끈질김, 남다른 실행력의 사나이이다. 투박함과 솔직함도 특유의 이미지이다. 조합 창립부터 이사장과 사무국장으로 16년간 호흡을 맞추어 일했으니 인연도 정말 특별한 인연이다.

위의 '나노조합의 역동적 활동'의 중심에는 한 국장이 자리한다. 이사장 입장에서 "시기와 조화를 이루라"는 말을 하였고, 또한 "구성원들의 자발성과 밝은 직장을 잊지 말라"는 이야기를 수시로 하여 왔다. 년 말에 나노조합 직원들과 회식하는 자리를 같이 해보면 "왁자지껄"하고 웃음이 끊이지 않으며 상하 눈치 보지 않고 온갖 이야기가 가능한 분위기인 것을 알 수 있어서 즐거운 경험을 하곤 했다.

어떠한 일이든지 간에 시작했으면 실적과 결과도 있기 마련이다. "시작이 반"이라는 말도 그래서 생긴 것 같다. 사람도 마찬가지다. 한상록 국장은 21년 2월말 퇴임이라 한다. 일을 맡을 때가 있고 그 일을 내려놓아야 할 때가 있다. "이제 그만하면 할 만큼 했다"고 충심으로 말하고 싶다

추가로 하고 싶은 말은 "이제 20년 가까이 나노조합을 운영하여 왔고 나노사업화가 성장기에 올라선 때에 퇴임하는 것은 엄청난 행운이다." 퇴임 후에는 다소 소홀할 수밖에 없었던 가정을 돌보고, 자신의 취미와 건강을 살려가는 삶을 권하고 싶다.

나노조합의 일은 "후배들이 잘할 것이라 믿어야만 한다"고 덧붙이고 싶다.

아울러 나 자신도 항상 역동적인 한 국장의 보고와 활동을 보면서 "나 역시 16년이 행복했던 시절이고 한 국장, 좋은 파트너를 만나 즐거웠다"고 어깨를 토닥여 주고 싶다.

우리의 미래역량을 다듬고 키워온 나노인의 진솔한 이야기

—오영호(SK디스커버리 이사회 의장 / 전 한국공학한림원 회장)

전 세계적으로 코로나 바이러스가 기승을 떨치면서 인류와 지구는 팬데믹 위기에 봉착하고 있다. 우리가 다시 과거로 복귀하기란 결코 녹녹치 않은 상황이라는 인식이 확산되고 있는 이때 코로나 쇼크, 단순한 변화가 아닌 사고 체계의 전환이 필요하다. 새로운 생존과 일상을 위한 어젠다를 설정하고 혁신의 원동력을 재정립하는 데 지혜를 집중해야 한다.

한국 기초과학연구원(IBS) 나노의학연구단은 2020년 12월 하버드의대 연구팀과 공동으로 나노물질을 이용해 코로나 바이러스를 17분 내에 정확히 검출하는 현장진단 (Point-of-care, POC) 기술을 개발했다. 검사현장에서 감염여부를 빠르고 정확하게 알 수 있어 코로나19 진단 및 방역에 기여할 것으로 기대된다. 나노기술로 신속성과 정확성, 두 마리 토끼를 잡은 셈이다.

글로벌 제약사들이 코로나 치료제·백신 개발 경쟁을 벌이고 있는 가운데, 인공지능(AI)과 로봇, 나노기술 등 첨단 과학기술을 총동원해 개발기간을 크게 단축하고 있다. 작년 6월 미국 제약사 일라이 릴리는 세계 최초로 코로나 바이러스 항체 치료제에 대한 임상시험을 시작한다고 밝혔다. 항체는 바이러스에 달라붙어 감염을 막는 면역물질이다. 항체 치료

제 개발은 통상 3~5년이 걸린다. 이번 항체 개발은 코로나 환자의 혈액을 받고 임상시험을 발표하기까지 98일 걸렸다. 국제전기전자공학회(IEEE) 연구진이 500만개 이상의 항체에서 하나의 완벽한 항체를 찾는 어려운 작업을 단 석 달 만에 성공한 데에는 전에 없는 무기가 있었기 때문이라고 분석했다. 바로 나노기술과 AI, 로봇이다.

금년은 우리나라가 나노기술 육성에 나선 지 꼭 20년 되는 해다. 지금부터 21년 전인 2000년 미국 클린턴 대통령이 국가나노기술개발계획(NNI)을 발표한 후 우리는 다음해 나노기술종합발전계획을 수립하고 2002년에는 미국보다 한 해 빨리 나노기술육성법을 제정했다. 5년마다 10년 나노기술종합발전계획을 발표하였다. 그동안 정부정책지원과 산학연의 적극적 협력을 통해 우리나라의 나노기술 경쟁력은 미국, 일본, 독일에 이어 4위권으로 성장했다. 반도체, 디스플레이, 이차전지 등 국가주력산업 요소요소에서 나노기술은 괄목할 혁신을 이루어냈다. 나노기술이 이처럼 우리나라의 전방위적 기술위상을 높이는 견인차가 되고, 우리 산업의 든든한 버팀목으로 성장할 수 있게 된 것은 세월이 지나도 변하지 않고 산학연관 4자가 혼연일체로 나노기술 육성의지를 유지해온 것에서 기인한다. 나노기술종합발전계획은 현재까지 총 네 차례 계획이 수립됐으며, 올해 제5기 계획을 수립해야 하는 시점이다.

《나노, 변방에서 중심으로》가 이러한 시점에 출간된다는 것은 그 의미하는 바가 자못 크다 하지 아니할 수 없다. 아울러 포스트 코로나시대를 위한 빅 리셋(Big Reset)과 일본의 수출 규제, 미-중 무역 갈등 등으로 초래된 글로벌 가치사슬(GVC) 재편을 선도할 수 있도록 나노기술 혁신의 새로운 장을 마련하는 데《나노, 변방에서 중심으로》가 크게 기여하리라 믿는다.

이 책은 공직자에서 민간분야로 자리를 바꿔 연구조합에서 정부의 지원금에 기대어 조직과 인원을 늘리고 사업을 확장한 단순 성공스토리가 아니다. 나노기술이란 개념조차 생소한 시기에 안정된 직장을 뛰쳐나가 나노연구조합을 만들고, 산업자원부와 과학기술부의 경계에서 민간기업을 연계하여 새로운 사업과 예산을 확보하면서 우리의 미래역량이 되는 분야를 일으키는 데 일익을 담당한 한 나노인의 산업현장 분투기를 진솔하게 담은 자전적 에세이이다.

거기에는 그만이 가지고 있는 추진력과 열정, 의지, 때로는 좌절로 점

철된 삶이 고스란히 담겨 있다. 오랜 공직생활을 통해 나노기술과 산업이 원래 그런 것이라고 감히 이야기할 수 있다. 나노기술은 너무 작아 홀로 서기 어려운 분야다. 수요자가 있어야 하고 협업이 필요하고 융합이 당연시된다. 그는 겸손하고, 자족하고, 나서지 않으며, 잘 절제된 사람이다. 또 나노기술은 창조성의 결집체다. 보이지 않는, 세상에 없던 새로운 것을 만들어내는 창의성이 극대화한 분야이기 때문이다. 그것이 고단하고 힘든 나날 속에도 그가 내려놓지 못하는 이유다. 이제 그 어려운 짐에서 벗어나 국선도 등 내공수련에 정진하시길 기원드린다.

변방이 중심이 되려면 우리만의 매력있는 나노기술을 키워야 한다

최근 정부는 코로나19의 완화조치를 결정했다. 수도권은 2단계로, 지방은 1.5단계로 완화하기로 발표한 것이다. 정세균 총리(안전대책본부장)는 이번 조정방안에 대해, 영업장의 '문을 닫게 하는' 방역에서, '국민들이 스스로 실천하고 참여하는' 방역으로 전환하기 위한 것임을 강조했다. 이제 신규 확진자 300~400명대를 넘지 않도록 사회적 거리두기를 하는 것으로 선회했다고 볼 수 있다. 바꾸어 말하면 위험을 지척에 두고 조심조심 살아가야 하는 세상이 된 것이다.

지난 1년 이상 코비드19를 겪으면서 사회적 관계가 단절되고 팬데믹이 전 세계를 덮치고 있으며 엄청난 재앙을 불러일으키고 있다. 코로나19를 겪고 보니 "모사재인 성사재천(謀事在人成事在天)" 또는 비약하면 운칠기삼(運七技三)이 가슴에 와 닿았다. 겸손과 감사가 부족했음을 반성하게 되었다. 지난 20년 동안 수많은 귀인들을 만나고 헤어졌다. 그리고 다시 만나기도 했다. 우리는 평범함이 축복이었음을 모르고 지냈다. 우리가 잘 알지 못했던 일상의 소중함을 뒤늦게 그리워한다. 필자 역시 나노기술사업화에 전심전력을 다해왔고 나노기업 800개 내외, 상장기업도 생겨나고 순증나노분야 매출도 28조 달성에 일조했다고 자긍심을 느끼기도 했다. 그 감사함과 여정을 되새겨 보는 것도 의미가 크다 할 것이다

2001년부터 거의 20년을 나노조합, 나노코리아 조직위원회, 나노협의

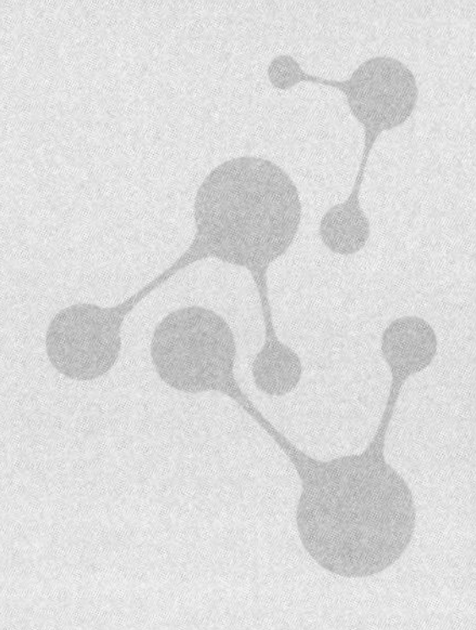

회 사무국장으로 재직하면서 나노기술 사업화를 이루어왔다.(나노협의회는 9년) 법제화 T/F팀에 참여하여 나노기술개발촉진법 시행령 제정에 일조하기도 했다. 나노기반전략기술지원단장과 T+2B 사업의 총괄책임자를 맡기도 했다. R&D + 나노코리아 전시회 + 연구성과 확산 + B2B 거래를 위한 T+2B 시연장(수원,대전) 활성화를 연계하였다. 그 결과 연구개발에서 사업화까지의 일련의 과정이 엄청난 시너지를 가져왔다

그 고비 고비, 과정 과정마다 엄청난 귀인들이 꽃비(花雨)를 내리며 함께 만들어갔다. 힘들었지만 힘든 줄 모르고 신바람나게 나돌아 다녔다. "프로는 다르다"는 소리를 듣고 싶었고, 프로모터 역할을 다하기 위해 어느 장소이든 어느 시간이든 가리지 않았다. 나노사업화 여정에서 만난 귀인들을 일일이 이야기하자면 무궁무진하지만, 상징적인 몇 분의 기억을 공유해보고자 한다.

이희국님은 나노조합 초대 이사장으로 16년간 봉사하였다. 16년간 내내 편안함과 조화로운 리더십으로 그리고 다정한 멘토로 이끌어 주셨다. 나노조합의 역동적 활동에는 LG사장으로서 바쁜 자리임에도 관심과 지원을 아끼지 않으셨다. 재임 시 나노코리아, T+2B 등 굵직굵직한 사업들을 잘 굴러가도록 지도해 주셨다

수많은 멘토 중에서 특별한 두 분이 있다. 전 서울대 교수이고 현 과학

한림원 한민구 원장님과 전 산업부 차관, 공학한림원 회장을 역임한 SK 디스커버리 이사회 오영호 의장님이다. 어려움과 고민 있을 때 무시로 찾아뵙고 고견 듣고 자문을 받았다. 아껴주시고 넉넉한 품으로 함께한 여정은 인생의 축복으로 남아 있다. 그 외에도 정윤 과기부 전 차관, 김재홍 산업부 전 차관, 김학도 중소기업부 전 차관님과의 일화와 도움도 잊을 수가 없다.

정칠희님은 나노조합 2대 이사장으로 3년간 봉사하셨다(18년 2월~21년 2월). 삼성 사장을 역임하여 '관리의 삼성'답게 조합 내부 제도를 재정비하셨다. 16년간 필요에 따라 만든 규정을 시스템화 하게 된 것이다. 사실 취임 시 나노조합 과제는 줄고 있었고 T^{+}2B는 불안정한 시기였다. 어려운 시기에 취임하여 많은 애를 쓰셨다. 성실함과 충정에 감사드린다.

나노사업화에 기여한 정책담당자와 산학연 연구자는 수백 명이 넘는다. 그 중 나노조합 R&D와 사업화의 상징적 사례로는 조합 최초의 EUV리소그라피를 이끌어온 한양대 안진호 교수, 나노소재기업으로 매출 1천억 돌파와 코스닥 상장을 한 아마그린텍의 송용설 대표, 그리고 일본, 중국에 이어 베트남의 한인회장이며 SMBL 윤상호 대표를 소개에 넣었다. 일본 나노텍 파트너, 마쯔이는 특유의 사양지심을 보여 소개에 넣지 못했다. 그와의 20년 우정과 한일간 나노비즈니스를 담지 못해 아쉽다

앞으로의 세상은 "위험을 지척에 두고 조심조심 살아가야 한다"고 볼 때, 팬데믹을 넘어 비대면 비즈니스가 고착화될 수 있어서 전략적 대응이 필요하다고 본다. 한편으로 현재 한국은 미국의 조그마한 뉴스도 크게 취급하는 경향이 있다. 이유는 정말 잘 모르겠다. 쓸개가 너무 작아진 것은 아닌지 걱정된다. 하지만 극복해야 할 인지문제라고 생각된다. 우리가 변방에서 중심을 지향하지 않는다면, 다르게 생각함을 포기하고 '직선과 속도'를 중시하는 효율성에 매몰된다면 우리나라 나노기술 사업화는 종속적으로 쇠락할 수 있음을 말하고 싶다. 변방이 중심이 되려면 우리다워야 하지 않을까!! 독특한 매력이 있어야 비즈니스가 활성화되지 않을까!!

나노조합에 20년 동안 재직하는 동안 가장 심혈을 기울인 분야는 '직원 성장 돕기'였다. 초창기 20대 청년들이 이제 40대 중후반이 되었다. 가히 '청출어람'이 되었고 어디에 가든 다른 관점과 성실함으로 칭찬받고 있어 보람을 느낀다.

비결은 따로 없다. 그저 같이 어울리는 분위기 조성과 선배직원들의 솔선수범과 발표력이 후배직원들의 발전을 촉진시켰다고 본다. 어디에서든지 "나노조합이 하면 다르다. ○○○팀장, ○○○과장이 하면 다르다"는 평이 들려오면 기분이 무척 좋아진다. 이제 퇴임을 앞둔 시점에 마음 훌훌 털고 갈 수 있어 너무 편안하다.

나름 열정과 노하우 그리고 숨은 이야기를 담았다. 졸지에 졸저를 내게 되었지만, 나노기술 사업화 여정에 대한 첫 책을 내는 역할을 해 냈다는 데 만족하고 있다. 부족함과 편견에 대해서 혜량하시길 빈다. 지금은 첫 삽을 뜰 때라고 생각했다. 이제 더 훌륭한 분들이 줄지어 나노사업화 또는 함께하는 이야기를 더 좋은 내용으로 담아 출판할 수 있기를 기대해 본다.

그동안 가정을 알뜰히 지키면서 묵묵히 40년을 같이 해온 아내에게 애틋함과 고마움을 담아 이 책을 바친다.

목차

3장 나노인의 나노인을 위한 나노융합산업을 만들어라

4장 그리고 더 하고 싶은 이야기

1장

나노, 10억분의 1m 가능성에 도전하다

나노기술은 창조성의 결집체

대한민국은 90년대까지는 선진국을 모방해 성장해 온 대표적인 추격형 경제구조의 나라였다. 추격형 산업구조를 따르는 국가는 어느 정도 성장을 하다가 모방형 기술이 정점에 달하면 어느 단계에서 성장이 한계에 다다르게 된다. 우리나라도 90년대까지는 그런 추격형 나라의 대표주자로서 한창 산업이 도약하다가 장벽에 부딪친 것이 바로 1997년의 외환위기였다. 대개의 개발도상국들은 국가적 침체기에 도달하면 성장을 멈추고 쇠퇴기로 접어드는 경우가 대부분이지만 우리는 외환위기라는 절체절명의 국가 위험상황을 맞아서 기존의 지식과 경험, 기술에서 탈출해 한 발 더 나갈 수 있는 창조성을 갖춘 나라로 재도약하고 있다. 그리고 그 중심에는 21C 시작과 함께 눈부시게 드러났던 나노융합기술이 있었다.

나노기술의 선구자인 에릭 드렉슬러(Eric Drexler)는 1986년에 그의 저서《창조의 엔진》에서 "분자수준에서 제품을 만드는 시대가 도래하며 나노기술을 궁극의 제조기술"이라고 역설하였다. 즉 나노기술은 보이지 않는 원자·분자단위의 미시세계를 탐구하여 새로운 것을 창조해 낼 수 있는 무한한 가능성을 갖고 있다는 것이다.

나노기술은 창조성의 결집체이다. 나노기술을 활용한 나노융합산업은 세상에 없던 새로운 것을 만들어내는 창의성이 극대화된 분야이다. 예를 들면, 카본나노튜브라는 소재는 1991년에 새롭게 만들어진 신물질로서, 뛰어난 전기 전도성과 기계적 특성을 지녀 첨단 IT제품과 소재의 기능을 혁명적으로 개선해 나가고 있다. 또한 양자점(Quantom dot) 나노기술을 이용하여 새로운 물리적 특성, 전기적 · 전자적 · 기계적 성질을 가진 신물질, 신소재가 속속 개발되고 있다.

나노기술은 정보기술, 생명공학기술, 에너지 · 환경기술, 우주항공기술 등 기존 기술 간의 발전적 융합을 촉진시키는 기반이자 플랫폼 기술이다. 미래산업은 기술의 융합, 산업간 융합을 통해 경제의 활력을 불어넣고 부가가치를 극대화시키는 산업이라야 경쟁력을 갖고 살아남을 수 있다. 나노기술은 바로 기술융합의 핵심적 촉매 역할을 하여 기술융합을 통한 산업융합에 핵심원천기술로써 한국의 미래 신성장동력의 초석이 될 수 있다.

나노기술이야말로 우리 경제를 추격형에서 선도형 구조로 업그레이드 할 수 있는 핵심이다. 자동차, 조선, 반도체, 디스플레이, 휴대폰 등 현재 우리의 주력산업은 1970년대, 1980년대 출발 당시 선진국과의 격차가 상당했다. 그래서 어쩔 수 없이 따라가는(catch up) 전략을 구사할 수밖에 없었다. 반면에 우리나라의 나노기술은 현재 주요 선진국과 비교해 대등한 수준이다. 즉 우리나라의 나노 기술력은 미국, 일본, 독일에 이어 전 세계 4위를 차지하고 있다. 이 기술을 제조업에 접목하는 나노융합을 적극적으로 추진하면 다른 산업분야와 달리 나노융합에서는 First mover형 경제를 구현해 나갈 수 있을 것이다.

이처럼 나노기술은 창조적인 기술기반 경제를 구축할 수 있는 훌륭한 기술 자양분이며, 나노기술을 활용한 나노융합산업은 한국 신성장동력의 핵심이 될 것이다. 산업통상자원부에서도 나노기술 개발과 나노융합산업 육성을 위해 다양한 정책을 적절하게 추진하고 있다. 정부에서도 융합 신산업 창출을 위해 브레인웨어 기반의 나노바이오, 나노에코분야를 중점적으로 추진하고 있다. 그러나 R&D 투자예산은 선진국에 비하여 아쉬운 편이다. 민간부문에서는 아직 나노기술을 통해 상업적 성과를 거둔 성공사례가 많이 전파되지 않아 나노기술에 대한 투자를 적극적으로 추진하지 못하는 것도 사실이다. 모든 첨단산업이 그렇듯 기술이 시작되고 상업화가 되는 것은 20~30년 이상이 소요되기 때문에 인내심을 갖고 투자를 지속적으로 해야 한다. 반도체, 디스플레이 등 최근의 우리 경제를 이끌어가는 첨단기술도 대량생산이 되는 상업화 시기에는 오랜 시간이 걸렸다는 것을 잊어서는 안 된다.

2001년 나노융합기술 사업화를 목적으로 설립된 나노융합산업연구조합은 그간 나노융합산업 발전의 토대를 마련하기 위해 산학연 협력네트워크 구축 및 공동기술개발사업, 나노융합기업 수요연계 및 제품화 적용을 위한 각종 사업화 지원 활동을 주도적으로 수행해 왔다.

나노조합은 나노소재의 원천기술 개발부터 사업화 및 비즈니스 지원을 위해 다양한 역할을 수행하고 있는데, 특히 메탈메쉬, 디저타이저 등을 포함한 정부 R&D 과제 수행, 국내 나노소재기업의 시제품 제작, 성능평가 지원 및 수요 연계를 통한 제품 거래 등 사업화 성과창출을 위한 T+2B 촉진사업, 나노기술과 제품 거래를 위한 비즈니스를 제공하는 나노코리아 전시회가 대표적 사업이다. 이외에도 해외 시장 개척을 위한 국제협력분야까지 업무영역을 넓혀가고 있다.

나노기술, 성장산업 원동력은 고기능소재와 융합·발전할 터

최근 첨단제품의 핵심소재로 나노소재가 많이 사용되고 있다. 나노기술은 물질을 나노미터 크기의 범주에서 조작·분석하고 새롭게 되거나 나타내는 소재·소자 또는 시스템을 창출하는 과학기술이다. 나노기술은 신성장동력 창출의 원천기반기술로서 핵심적인 위치를 차지하며, 나노융합기술은 나노기술을 기존 기술에 접목해 기존 제품의 성능 개선 및 혁신을 통해 전혀 새로운 나노기능에 의존하는 제품을 창출한다.

미국의 국가나노기술전략(NNI) 발표 이후 유럽, 일본 등 세계 각국에서 국가적인 나노기술 종합계획을 수립해 정부 차원의 투자가 이뤄지고 있으며, 우리나라는 나노기술종합발전계획을 수립하고, 2020년 나노기술 선진 3대국 기술 경쟁력 확보라는 비전을 제시해 적극적으로 나노기술 개발을 추진하고 있다.

나노융합제품 시장은 향후 크게 확대될 것으로 예측되고 있으며, 나노기술의 사업화는 세계 주요국가의 나노기술정책의 핵심주제로 부상하고 있다.

나노융합산업은 마이크로 수준의 기술을 대체해 모든 산업에 혁신을 유발하는 고부가가치 산업으로 전통산업과 첨단산업의 연결고리 역할을 해 IT, BT, ET, ST, CT 등 모든 기술을 융합시켜 새로운 혁신기술을 창출하는 미래 신성장산업의 원동력이다.

국내 나노융합산업은 현재 일부 기술을 중심으로 상용화 제품이 출시되고 있지만 아직까지는 초보 단계에 머무르고 있으며, 연구개발의 성과가 가시화되는 시점을 거쳐 상용화 될 것으로 예측하고 있다.

나노소재 산업은 기술의 성숙도가 높고 다양한 산업적 요구가 존재해 그 범위가 점차 확대되고 있으며, 향후 나노융합소재의 혁신적 물성을 이용한 신개념의 응용제품이 대규모 시장을 형성할 것으로 예상되고 있다.

400여년 전, 프랑스의 동화작가 샤를 페로가 1697년 그의 동화집 〈옛날 이야기〉에 신데렐라를 수록하였다. 동화에서 왕자는 진짜 신데렐라를 유리구두를 통해서 찾아냈다. 많은 사람들 모두에게 그 유리구두가 맞을 수는 있겠지만, 진짜 주인은 따로 있다고 생각한다. 나노기술과 나노기술을 기반으로 하는 나노융합산업이 바로 그 유리구두의 주인이라고 확신한다.

민간기업이 합심해 만든 나노융합조합

세계 최고의 과학강국 미국의 저력은 기초과학에 대한 투자와 젊은이들의 도전정신에서 나온다. 그중에서도 미국의 젊은 심장을 대표하는 실리콘밸리의 원천기술은 젊은이들의 창업과 도전정신에서 나온다. 미국의 세계적인 다국적 기업들이 자신들의 연구소 대신 벤처에서 나온 기술을 사는 미국의 산업생태계가 있었기 때문에 이 기업들이 세계적인 기업으로 발돋움할 수 있었다. 그런 면에서 우리의 새로운 가능성은 세상에 다시없는 기술을 만들어내는 나노융합기술에 많은 기대를 하게 된다. 그리고 이 나노소재기업의 대다수는 중소벤처기업이다.

나노조합은 민간기업들이 합심하여 만든 사단법인으로, 정부에서 직접 돈을 지원하는 법적 지원기관은 아니다. 그럼에도 나노제품 즉 End-products을 산업화하는 수요기업으로 구성되어 있어 당연하고 자연스럽게 산업화의 구심체로 성장하였다. 나노조합은 성장의 결과로 자금여력이 생기는 대로 차근차근 업무범위를 넓히고 인력을 확충하고 조직을 확장하여 왔다.

나노조합이 성장의 발판을 마련한 조합 초기의 1단계에서는 R&D 기획에 1~2년 걸려 컨소시엄 과제를 구성하고 정부 과제에 응모하였다. 최초 과제는 '반도체용 EUVL 노광기기술개발'로, 조합 창립 1년 3개월 만에 수주에 성공했다. 이어 '차세대신기술개발' 과제를 2003년에 수주하여 초기의 어려움을 이겨내고 조직의 안정화를 가져올 수 있었다. 즉 연구개발과제에 집중하는 단계였다.

나노조합의 실질적인 2단계 성장기는 2003년 개최한 나노코리아였다. 조합은 산업부/과기부 공동주최의 '나노코리아 2003 국제심포지엄 및 전시회'를 개최하고 이를 총괄하는 주관기관으로 선정되었다. 이 전시회를 통해 조합은 비로소 나노분야 구심체로서 국내외에 실력 있는 기관으로 인정받게 되었다. 이후 일본 나노텍과의 협력체계를 구축하여 상호 협력과 시너지를 가져왔다. 일본 나노텍의 총괄임원 다카히로 마쯔이라는 좋은 파트너를 만난 조합은 2003년부터 2019년까지 파트너십에서 우정의 단계로까지 발전해나갔다. 이 우정의 기술교류는 결국 한국 나노산업 발전을 한 단계 끌어올려 국내 실용기술과학을 발전시키는 촉매제 역할까지 하게 되었다. 2020년은 코로나로 인해 상호 출품만 교차 지원하였다.

우리 조합은 나노코리아의 성공적인 개최와 일본의 선진 나노산업문화를 전수받으며 명실상부한 나노기술 구심체로서 국내에 자리매김하게 되었다. 이러한 성과를 바탕으로 이후 각종 국가적인 정책집행의 실행기관으로서 명실상부한 기관으로 성장하게 된다. 이때 필자도 나노조합과 나노협의회의 공동 사무국장으로 나름의 추진력을 발휘해 나노조합의 성공에 작으나마 기여를 할 수 있게 된다.

이어서 2011년부터는 나노코리아의 성과를 국내 나노소재기업과 수요기업에게 제대로 나눠주기 위해 나노제품 상용화와 소재기업 발굴 등을 골자로 한 $T^{+}2B$ 사업을 본격적으로 추진하며 안정적인 기관으로 자리를 잡게 된다. 이때 $T^{+}2B$ 사업을 추진하면서 정부예산 수주로 조합사무실을 수원 광교로 이전하였고, 이후 T+2B 시연장 개설(나노기술연구협의회와 분리). T+2B센터 개소 및 2017년 대전 T+2B센터 개설, 이후 정책기획팀은 폐지되고, 현재의 3개팀과 대전센터로 정착되어 왔다.

대한민국에는 연구조합이 한 50여개 정도 있고, 그중에 30개 정도를 규합해서 리더 역할을 해왔다. 나는 2018년에 '산업기술연구조합연합회'를 만들었다. 나는 지금까지 나노분야에서 크게 세 개의 조직을 만들었다. 우선, '나노연구조합'을 창립해서 만들었고 2년 후에는 '나노기술연구협의회'를 만들었고 세 번째는 여러 사람이 뜻을 모아 기존의 여러 조합들을 규합해 '산업기술연구조합연합회'를 만들었다.

2020년이 되면서 내 자신의 역할을 돌아보는 시간이 많아졌다. 우선 조합 살림살이와 직원들과의 업무 분장 그리고 미래신사업분야 발굴이었다. 특히 코비드-언택트는 업무프로세스에 엄청남 변혁을 가져왔다. 지금껏 정부의 지원금은 조합이 주관하는 프로젝트의 성과가 제법 좋아 매년 유지되거나 증액되어 왔다. 정부 지원이 지속된다는 건 조합 직원이 열심히 일만 잘하면 된다는 시그널과 같은 의미이다. 전 세계를 강타하고 있는 코비드-언택트는 직접 만나고 토론하고 회의하는 대면방식의 대폭적인 후퇴를 가져오고 있고 앞으로도 온라인-비대면 미팅이 지속확대될 것으로 예상되고 있다. 위기는 새로운 비즈니스를 불러오기 마련이다. 화상회의시스템 공급업체인 미국기업 'ZOOM'은 새로운 플랫폼기업으로까지 성장해가고 있다. 사실 '할 만큼 했으니 이제는 후임을 찾아야겠다'고 생각하고 은밀하게 활동하고 있었다. 본능적으로 50대 전후의 정책경험이 있는 적극적인 사람을 원했으나 쉽게 찾아지지 않았다. 흔히 하는 말로 "사람은 많은데 적합한 사람이 없다"로 요약된다. 그리고 팬데믹 상황이 1년을 넘어 지속되리라는 예상도 하지 못했다. 그래서 20년 내내 머리가 지끈거린 채 지나고 있었다.

상황의 반전이 일어났다. 산업부 의중이 담긴 탄소 + 나노의 연합체인 '탄소나노협회'의 탄생이 20년 말에 이루어졌다. 그리고 자연스레 내 후임 선정은 문제가 되지 않고 해소되어 버렸다. 자연스럽게 정리되어 버린 것이다. 그때 깨달았다. "그건 원래 내가 감당할 몫이 아니었구나!" 그렇게 해결이 되고 나니 마음이 홀가분해졌다. 어쨌든 나노조합의 상근책임자로 열정적인 삶을 살았고 함께 고락을 같이 했던 직원들을 사랑하고 임·회원사들 대표를 비롯한 관계인을 존경하고 있다. 또한 '탄소나노협회'의 탄생으로 나노의 청년기가 이어질 것으로 기대하고 있다.

조합을 운영하면서 가장 조심스러웠던 것은 내가 무슨 정책을 하는 사람이 아니기 때문에 소재기업과 수요기업의 양쪽을 조율하면서 중간에서 고심했던 부분이다. 왜냐하면, 우리가 표현하기를 정부는 돈을 쥐고 있으니까 시장이고, 이쪽은 산업이어서 시장인데 두 시장이 잘 안 맞았기 때문이다. 두 시장을 조율하면서 중간에 끼어서 힘들었던 부분이 많았는데 그것은 앞으로 나 같은 위치에 있는 사람들은 다 그렇게 할 수밖에 없을 일들이다. 그래서 그런 고민들을 나 같은 일을 하는 사람들이 "아, 나만 그런 게 아니었구나!"라고 느낄 수 있었으면 다행이다.

일반적으로 연구조합의 사무국장의 역할과 책임에 대한 정의는 쉽지 않다. 협회와 같이 있는 경우에는 협회(부)회장이 협회와 조합을 대표하지만, 연구조합이 단독으로 사무국을 구성하는 경우에는 전혀 다르다. 나노조합의 경우는 사무국장이 일정 회비수입 외에 모든 사업비, 직원 급여

등을 조달하는 재정능력과 대내외 활동, 사무국 운영 등 일체를 책임지는 지위이다. 따라서 이사회/총회에서는 보고자로, 대외활동에서는 대표자로 업무를 추진해야 했다. 그 중에서도 정부지원금의 확보는 사무국장의 미션일 수밖에 없는 구조이다. 즉 존립하고 활동하는 걸 책임지는 자리이다. 더군다나 직원들은 경험이 없었기 때문에 지시하면 잘 안 되고 또 성질만 내다보니, 내가 점점 나쁜 사람이 되고 있었다.

2006년 1월, 일본의 나노텍 전시에 참여하러 가는 인천공항서점에서《사장으로 산다는 것》이라는 책을 보게 되었다. 전직 신문기자 서광현 작가가 쓴 책이었는데, 비행기 안에서 책을 보면서 나도 모르게 눈물이 났고 일본에 도착해서 그 책을 울면서 두 번을 심취하며 읽었다. 처음에는 심심해서 보기 시작했지만 책 내용에 절절하게 공감했었다. "누구나가 급여를 책임지는 자가 사장이구나"와 이어 "내가 사장이구나"라는 자각을 하게 되었다. 그 당시에 내 마음의 고통이 심했던 것 같다. 모든 사람들이 다 갑이고 모든 사람들의 요구조건이 다 다른 것처럼 느껴졌다. 이때 일종의 자각을 했고 "사장으로 산다는 것"을 감내하기로 결심했다.

나노융합대전(나노코리아)은 기존 전시회와 차별화된다. 우선 완제품이 거의 없고, 부품소재 및 장비기업이 주류를 이룬다, 전문기술전시회이므로 일반시민 또는 학생 관람객은 적은 편이다. 최종소비자는 기업이다. 즉 B2B이다. 그래서 전시업체끼리도 출품자이면서 수요자이기도 하다. B2B 전시회는 이업종이 많이 참여할수록 시너지가 클 수밖에 업다. 협력전시회는 이런 점에 착안한 것이었다. 20년 기준 나노코리아는 18회 개최되었고, 세라믹, 레이져 등 협력전시회는 10회를 지나 20회로 나아가고 있다. 협력전시회분들과는 같이 일하는 게 편하고 재미있고 시너지가 크다고 좋아하신다. 그렇게 협단체와 협력하는 전시회를 10년을 넘겼다. 이런 일들은 자발적으로 우리 의견에 동조해서 온 것이지 억지로 오라고 한다고 온 것이 아니다. 단지 노력은 했었다. 그래서 지금 내가 하고 싶은 얘기는, 나는 리더로서 어떤 사명감을 갖고 출발하지 않았고 열심히 일하고, 부탁하고, 사람들 만나다 보니까 여기까지 왔다는 것이다. 그리고 그때그때마다 나를 도와주려고 하는 사람들이 있었다. 우리나라가 약자한테는 굉장히 동정심을 가지고 강자한테는 복종을 하는데 나는 강자가 아니었다. 당신이 없으면 일을 못 한다고 사정 사정 하면서 우리나라의 기라성 같은 전문가들을 모아놓고 내가 부탁을 했다. 누군가는 동력을 잃지 않기 위해서 자리를 모아야 할 게 아니냐고 했고, 누군가는 나에게 불쏘시개 역할을 하지 무슨 리더를 하려고 하느냐고 했다. 그리고 여러 분야 사람들이 모여서 얘기를 하다보면 서로 시너지가 생기는데 내가 와서 내 것만 내놓는 게 아니라 남의 견해나 전문가의 주장을 마음을 열어놓고 들었다. 그러면서 내 스스로도 안목도 넓어지고 네트워크도 생기고 협력할 사람도 생겼다. 그렇게 조합을 상생으로 운영해왔기 때문에 나노조합의 기획이나 행사에는 오라고 하면 거의 다 왔었다. 그래서 지금 이 책을 쓰는 순간 떠오르는 나노의 미래는 하나는 존중, 하나는 상생, 그리고 방향성에서 여러분들이 함께하면 이것이 나노조합의 성과가 아니라 우리 모두의 성과로 발전할 것임을 믿어 의심치 않는다.

융합의 시대의 중심, 나노융합기술

나노기술이 전문가가 부각된 게 1997년에 미국에서 부터였다. 원자쪽을 다루는 것이었는데 원자는 기초학문이고 97년부터 2000년에 클린턴 대통령이 내셔널 나노테크놀러지 이니셔티브(NNI)라는 것을 발표를 했다. 과학자들은 서로 다 교류가 되다보니 일본과 EU도 따라갔고 한국은 조금 뒤처졌다. 2000년 1월에 발표한 이 전략은 2000년 12월에 김대중 대통령이 미국을 방문했을 때 클린턴 대통령이 김대통령에게 소개를 했다. 김대중 대통령은 미국 산업전문가들에게 나노기술의 중요성에 대한 얘기를 듣고 한국에 귀국해 '나노기술'에 대해 알아보라고 지시한다. 그리고 정부 관계자들은 미국에 협조를 받아서 많은 자료를 받아서 왔다. 미국에서 그 당시 국제학회 같은 것을 많이 했다. 그때에 과학기술부가 신기술쪽 사람들이 모였는데 우리나라에 역사적인 일이 일어난 것이다. 96명이 일주일 동안을 합숙하면서 자유롭게 관찰하고 기술부문에 대한 의견을 내놓기 시작했다. 그렇게 논의하고 의견을 모은 자료들을 하나로 모아 '나노기술개발계획'이 발표됐다. 그것을 토대로 2001년에 우리나라에 있었던 프론티어 사업부문을 출발시켰다. 그 당시는 정보소자가 테라레벨이면 엄청나게 큰 것이었는데 테라레벨 소자사업단을 만들어서 일단 출발시켰다. 2001년 당시의 연간 100억씩 총 천억 원이면 엄청나게 큰 돈이었다. 20년 전 얘기이지만, 조직을 출범시키고 치고 나가다보니 예기치 못한 문제들이 발생했다. TND사업단장 이조원 박사의 말을 빌려 보자면 연구자중심의 조직에서 "당시 예산당국인 기재부에 예산설명을 하러 갔는데 '나노'가 뭔지, 얼마나 중요한지 설명이 안 되더라"는 것이다. 설명을 해도 "꿈같은 얘기다", "도대체 무슨 얘기인지 모르겠다"고 얼굴이 벌개졌다. 증거를 내놓으라는 데 증거는 없고 "원자레벨에서 하면 물질이 달라지고 뭐가 뭐고……." 하며 실컷 설명을 해봐도 전혀 들을 생각을 하지 않았다. 자료가 없어서 미국이나 일본, 유럽의 자료를 보여줬더니, "해외자료를 보고 예산 내놓으라는 말이냐"라는 반문만 돌아왔다. 그래서 '테라레벨사업단'이 먼저 출발하자 해서 2001년에 출발하게 된 것이다. 예산당국자인 기재부도 불안했지만 신성장동력인 나노기술의 가능성을 믿어준 것이다. 20여년 전 신기술 태동 시의 해프닝이다. 그 당시에 산업부에는 나노 사이즈로 가장 먼저 적용한 곳이 반도체였다. 반도체는 미세한 패턴이라고 한다. 칩이 하나 있으면 선폭이 계속 쪼개고 쪼개서 나노단위까지 가야지 단위면적당 용량이 많아지는데 그렇게 하려면 나노기술이 적용되어야 한다. 지금까지는 기계가공에서 했다면 그때부터는 광선가공으로 하고 쪼개는 것부터 손으로 하는 가공이 없어진 것이다. 2001년 당시 산업부 반도체과 K모과장님은 나노기술이 반도체에 가장 먼저 적용되고 향후에는 전 산업분야의 기술혁신을 가져올 거라고 확신하고 있었다. K모과장님은 기술트렌드 변화를 예의주시하는 분으로, 일본에서 5년 이상 근무한 일본전문가이기도 했다. 그리고는 '나노산업화전략(2001년 7월 전력 수립)'을 추진하게 되었다. 덩달아 필자가 나노기술의 중요성과 전망에 대해 한창 관심을 가지던 때였고 산업부 사무관 시절이기도 했다.

사람이 살다보면 징크스가 있는 경우가 있다. 필자의 경우는 나이 9자리에 유난히 징크스나 변화가 많이 일어나곤 했다. 49세가 되자 뭔가 한계가 느껴지고 있었다. 또한 밀레니엄 버그라는 〈Y2K 문제〉 산업부 소관 총괄로서 거의 3년간의 격무에 시달린 나머지 허탈감을 느낄 때였다. 다름 아닌 자신의 능력에 대한 자신감 저하와 더불어 미래에 대한 불안감이었던 것 같다.

좀 우스운 이야기지만 내 인생에서 변곡점인 아홉수가 있는 것 같았다. 스물아홉이 그랬고, 서른아홉도 그런 것 같고, 또 생각해보니 열아홉 때도 그렇고 그런 일이 있었던 것 같고……. 핑계거리가 많고 생각이 많아지는 때였다.

당시 K모반도체과장은 미래트렌드를 잘 읽는 것 같아 보였다. 당시 진로에 대한 고민도 이야기 하곤 했다. 이런저런 얘기를 하다가 혹시, 과장님 생각은 뭐냐고 물어봤다. 그는 내게 나노는 아직 멀었지만 유망해 보인다고 내게 나노 관련 책들을 줬다. 그래서 책을 살펴보니까 클린턴의 이야기부터 일본의 나노산업까지, 또 여러 나라들이 국가전략으로 채택을 하고 10년 계획을 세우며 돈을 2조 이상씩 투자를 하고 조직이 만들어지는 내용들이 적혀 있었다. 책에서 많은 공감을 받으며 나는 그렇다면 우리도 따라 가면 되겠다는 생각을 했고, 연구조합을 만들어야겠는 생각까지 했다.

이어 나노산업기술연구조합의 발기인 모임이 열려 갔다. 그럼에도 사무국장으로 응모하는 이가 없었다. 그럭저럭 2001년을 넘겨가는 분위기였다. 그래서 아무런 준비도 없고 정부지원책도 없는 상태에서 무모하게

'나노산업기술연구조합 사무국장'을 하겠다고 자원하였다.

그때 왜 그런 선택을 했는지는 지금도 설명하기 어렵다. 그저 변화를 필요로 했고 열정과 체력으로 창립의 어려움을 돌파해갈 수 있다고 믿었다. 지금 돌아보면 아찔한 선택이었다. 수학자가 곁에 있었다면 한사코 말렸을 것 같다. 성공확률이 너무 낮은 배팅이라고 했을 것 같다. 명예퇴직을 앞두고서 아내가 "어떻게 먹고 살려고 그러느냐?"고 눈물로 하소연하던 모습이 지금도 눈에 선하다. 세상사는 뜻대로 안 되는 것이 정상이다. 내 예상이 빗나가기만 했다. 필자는 그후 벤처기업보다 더 심하고 혹독한 시련을 겪었다. 대략 7년간은 체력적으로 재정적으로 너무 힘들었다.

전 세계 융합 트렌드를 선도하는 나노융합기술

나노기술분야는 제조업의 혁신, 신산업을 창출하는 핵심 기반기술분야이다. 하지만 나노기술(나노 크기를 조작, 제어하는 기술) 자체만으로는 실제 산업에 곧바로 적용되기가 쉽지 않다. 나노기술이 산업화로 가려면 다양한 첨단기술과 반드시 융합을 해야 한다.

전 세계 트랜드는 융합이다. 융합기술이 고부가가치 미래 신성장동력 확보의 핵심으로 부각하고 있으며 이와 함께 나노기술이 융합기술의 주요 키워드가 될 것이다. 나노기술은 그 특성상 다양한 주력 산업분야와 융합해 기존 제품을 개선·혁신하거나 성능 한계 극복을 위한 역할을 담당하고 있다. 나노분야는 전 세계적으로 10여년 정도 밖에 안 된 시장 진입 초기 단계로 나노융합을 위한 사업화 기반이 중요할 것으로 생각된다.

나노기술은 단시간에 발전되는 기술도 아니고 눈에 띄게 발전하는 기술도 아니다. 나노기술은 물이 스펀지에 자연스럽게 스며들 듯 모든 사업화 기술에 자연적으로 적용되는 기술이다. 결국 나노기술은 다른 산업과의 융합을 통해 나타나고 발전하게 될 것이다.

특히 최근 고부가소재가 주목받으면서 나노기술은 고부가소재 개발의 핵심기술이 되고 있다. 반도체, 디스플레이 등 우리나라 첨단산업에서 기술을 뛰어넘는 새로운 제품 개발을 위해서는 소재기술이 밑바탕이 될 것으로 보며, 그 소재기술은 나노기술을 통해 완성될 것이다.

우리나라의 소재부품산업 무역수지는 매년 개선되고 있지만 여전히 고부가가치분야에서는 적자를 면치 못하고 있는데 나노기술과의 융합을 통해 극복할 수 있을 것으로 생각한다.

우리 조합에서는 이 나노기술이 다른 기술과의 접목을 위해 기업 간 네트워크 형성에 노력하고, 나노기술이 비즈니스로 연결될 수 있도록 최선을 다할 것이다. 더불어 우수한 나노기업이 사업화 단계에서 발생할 수 있는 기술적, 제도적, 환경적 애로요인들을 극복할 수 있도록 다방면에 걸쳐 세심하게 챙기고 관리하고 있다.

나노기술은 2020년 들어 서서히 산업화 속도를 올리고 있다. 20여년 간의 연구개발 노력이 차츰 빛으로 드러나고 있다. 조금씩 제품화 성과가 나고 있지만 여전히 병목이 존재한다. 2단계 성장 전략이 절실하다. 나노물질의 양산성 확보, 안전성 검증 플랫폼 마련, 수요-공급기업 간 상생 생태계 구축이 과제다.

우리나라 나노융합산업은 기회와 위기를 동시에 맞고 있다. 나노기술을 제품화할 수 있는 세계적 수요기업이 포진했다. 위기를 맞는 전통산업에 나노기술이 돌파구를 마련할 수 있다. 병목 현상 극복 여부에 따라 지속 성장 여부가 갈릴 전망이다.

현 나노 소재·부품은 산업 전반에 다양한 기능과 형태의 중간재/완제품으로 적용되는 OSMU(One Source Multi Use)적 확산성이 강하다.

나노소재는 탄소계, 금속계, 무기계(분말, 입자, 합금)을 다루는 IP, 벤처기업으로 147개사(20.5%)를 이루며 엔트리움, 풍산, RN2테크놀로지, 제이오, 플렉시오, 나노기술, 금호석유화학, 나노솔루션, 누리비스타 등의 대표기업이 있다.

나노중간재는 대표제품은 피그먼트, 슬러리, 세라믹 구조물 등을 생산하는 설계~생산기업으로 92개사(12.8%)를 이룬다. 네패스, 쎄코, 나노신소재, 국도화학, DNF, 동진세미켐, CNT솔루션, 비츠로밀텍, 아모그린텍 등의 대표기업이 있다.

나노 부품/부분품의 대표분야는 필터, 필름, Sheet, 진단센서, 분리막, 에너지 저장을 다루는 디자인-조립기업이다. 대표제품은 터치스크린, 태양광패널, 필터, 광학, 압력센서 등을 생산하는 디자인-조립기업으로 128개사(17.8%)를 이룬다. 파루, 인터플렉스, 대유플러스, 삼성디스플레이, LG디스플레이, BH, 플렉센스, 삼성전기, 일진 등이 대표기업이다.

생산하는 설계~생산기업으로 92개사(12.8%)가 있다. 네패스, 쎄코, 나노신소재, 국도화학, DNF, 동진세미켐, CNT솔루션, 비츠로밀텍, 아모그린텍 등이 대표기업이다.

나노기술(NT)은 대표적인 유망 범용기술(GPT, General Purpose Technology)로서, 다양한 산업분야로의 파급성 및 혁신성을 보유하고 있다. NT는 AI, BIO 등과 같이 제조업 전반에 응용 가능성이 높은 분야로, 지속가능하고 경제사회적 파급력도 높다. 앞으로 대기환경오염을 대비하고 환경 친화적 산업을 대비하는 21c 한국 미래산업의 대안으로 자리 잡을 것이다.

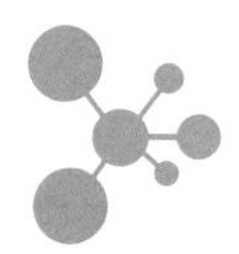

2장

나노융합산업연구조합, 한국 나노기술의 역사를 쓰다

나노산업, 한국 최초 선도형 산업기술로 출발하다

2000년이라는 연대는 새로운 인류 문명의 시대로 접어드는 밀레니엄의 새 장이었지만, 대한민국으로서는 전혀 경험해보지 못한 새로운 선도형 산업기로 접어든 상징적인 연대이기도 했다. 우리는 7, 80년대 선진국의 기술만 흉내 내 쫓아가며 겨우 후진국을 벗어나 중진국 반열에 오를 수 있었다. 문제는 어느 선까지는 우리도 남의 흉내 정도는 낼 수 있었지만, 모방의 끝에 부딪치면 창조력 부재로 인한 압축성장의 한계를 여실히 드러내곤 했다. 때마침 우리는 길고 긴 IMF의 터널을 간신히 헤쳐 나와 우리만의 창의성을 갖춘 성장엔진이 절실한 시기였다. 우리나라는 90년대까지도 추격형 경제구조에 머물러 실컷 선진국 기술을 따라잡을 성장기로 들어설 만하면 후발국가가 우리 기술을 흉내 내 산업이 더 이상 발전하지 못하는 정체기에 부딪치곤 했다.

그런데 나노분야는 시작부터 그림이 달랐다. 2000년부터 시작된 나노테크놀로지 전쟁에서 한국은 미국과 일본, 독일에 비해 그리 꿀릴 게 없는 처지였다. 세계는 그때 처음 나노의 경이적인 세계에 환호를 올리던 시기였기 때문이다. 한마디로 나노분야라면 세계가 도입기이니 우리도 한번 해볼 만한 것 아니냐는 생각을 가질 법했다. 세계가 이제 시작하는 기술이니, 우리도 기술 하면 세계에서 빠지지 않는 나라가 아닌가.

나노산업에 매력을 느꼈던 시간

나는 나노융합조합 설립의 산파역을 했지만 나노기술이 2000년대 한국의 미래 첨단기술을 주도할 신성장동력이 될 거라고 예측하거나 확신하진 못했다. 그저 막연하나마 분자단위 이하 원자단위에서 물질을 측정하거나 실용적인 기초과학에서 응용하는 공학기술로 진화할 수 있었으면 좋겠다는 막연한 희망을 품을 정도였다.

2001년 당시 미국, 일본은 나노기술의 산업화를 통해 서로가 자국이 이니셔티브를 가지겠다는 청사진을 제시하고 있었다. 특히 미국은 2000년 클린턴 대통령이 NNI 전략을 선포하고 미국 내 각 부처별로 추진하던 기초연구를 통합하여 추진하는 커다란 그림을 막대한 예산을 투입해 실현에 옮기기 시작하던 때였다. 당시 한국은 가까스로 IMF 사태의 한파를 넘기고 2000년 말 김대중 대통령이 미국을 방문하고 돌아와 국가적 차원의 계획이 필요하다며 구체적인 실행방안 마련을 지시하던 때였다. 이에 과기부가 중심이 되어 2001년 6월 나노기술기획을 수립(후일 5년 단위의 나노종합발전계획으로 구체화됨)하고 법제화를 추진하였다. 이후 2002년에 세계 최초로 나노기술개발촉진법을 제정하였다.

과기부가 나노기술 개발에 집중했다면 산업부는 기초과학 중심의 나노기술 전략을 산업적으로 이용할 수 있고 기업이 경쟁력 제고를 위한 기술로 활용할 수 있는 전략으로 삼을 수 있는 '나노산업화전략'을 수립하였다(2001년 7월). 이 전략에서는 민간부문의 연구개발 공동체를 위해 나노융합연구조합을 구심체로 삼기로 결정했다. 이에 산업부에서는 연구조합 설립을 위한 사무국장을 찾고 있던 차였다. 하지만 당시로선 나노란 분야가 너무 생소하고 전문가도 별로 없는 상태였다. 그러다보니 당연히 산업계의 호응도 거의 없었다. 이러한 관계로 선뜻 연구조합을 조직화하고 기업을 모으는 사무국장에 응모하는 이가 없었다. 당시 나는 산업부의 서기관으로 재직하며 국내 산업계의 선도사업을 할 만한 가치 있는 일이 무엇일지를 탐색하던 때였다. 무엇보다 모험심 강한 개척형 성격의 공무원이다 보니 다분히 모험적(?)으로까지 비쳐지는 나노산업화 사업에 조금씩 매력을 느끼고 있었다. 선진국인 미국, 일본, EU 등이 연달아 '국가전략'을 수립하고 막대한 예산을 마련하고 있는 기술이라면 나는 나름 해볼 만하다고 생각했다.

그 당시에 나는 디스플레이 산업의 전망이 좋아보여서 내심 디스플레이산업협회를 기대하며 디스플레이 연구조합에 몸을 담았다. 그런데 협회 전망은 지지부진하고 산업적으로는 성장기에 접어들어 내 역할을 찾기가 쉽지 않았다. 그래서 한 4개월 고민을 하다가, 이건 내가 있을 자리가 아니라고 생각하여 그만 두기로 마음을 먹고 정리를 하고 나노분야로 관심을 두기 시작했다. 뭔가 해볼 만하고, 가능성도 풍부한 분야 같았지만 문제는 나도 모르고 정통한 전문가도 없으니 직원이 있을 리가 없었다. 그냥 혼자서 선무당이 사람 잡는 격으로 컴퓨터와 워드를 치면서 12월 12일로 예정된 창립총회를 준비하고 있었다.

그때 알바로 잠깐 와서 나를 도와줬던 청년들이 없었다면 그나마 창립총회도 언감생심이었을 지도 모른다. 그중 같이 창립총회를 치렀던 친구 중 한 명이 사무국에 입사하여 본부장이 되었다. 벌써 20년이나 된 진한 인연이다. 그리고 향후 나노조합을 이끌어갈 사무국장으로 유력하다.

산업부 K과장의 적극적 지원을 받아 창립총회를 개최하였다. 창립회원으로 24개사가 모였다. 이희국 LG전자기술원장이 초대 이사장으로 선출되었다. 총회 개최 후 사무실을 구하러 다니기 시작했다. 회비/가입비 포함 24개사에서 모은 회비 총액이 1억4천만 원으로 기억된다. 이 돈으로 사무실도 얻고 운영도 하고 직원 급여도 주어야 했다. 산업계에서 회비를 받아 운영해야 한다니 많은 지인들이 걱정을 많이 하게 되었다.

12월에 창립을 하고 나면 계약당사자로 인정받을 줄 알았는데, 그리고 모든 준비서류는 1주일이면 끝날 줄 알았는데, 1차 서류인 설립인가증을 받지도 못했는데 새해를 맞이하게 되었다. 그보다 인가증을 받기 위해서는 회원사 대표(임원사)의 인감증명서와 인감도장이 필요했다. 인감을 받으려니, 개인인감은 회사보다는 사모님이 갖고 있는 경우가 더 많았다. 어떤 경우는 개인인감을 관리하는 임원이 있기도 했다. 인감증명서와 취임승락서를 받는데 만도 한달이 소요되어 버렸다. 당시만 해도 신규 협단체가 창립되면 최소한의 사무실유지비와 최소한의 급여를 줄 수 있는 R&D과제 관리업무를 맡기곤 했다. 이를 시드머니로 해서 자립기반을 만들고 기업체의 구심체 역할을 하라는 배려이기도 하고 책임성 제고이기도 했다. 문서 신청과 발급이 그렇게 어렵고 절차가 까다로운 줄 몰랐다. 사무관 시절에는 그런 어려움을 겪어보지 못했다. 그때 디스플레이 연구조합의 당시 C과장, L대리가 많은 도움울 주었다. 인감증명서 구비-연구조합 설립인가신청-법원의 등기권리신청-세무서에 비영리법인 설립인가를 마치고 나니 창립 후 2개월이 지난 2월이 되었다. 사전에 행정절차를 알 수 있었더라도 2달이라는 기간은 소요되었을 것이라는 생각을 한다. 그때 회비를 1억4천인가를 가지고 사무실 얻고 이것저것 사다 보니 5월 즈음에 돈이 떨어져 버렸다. 고난의 시절이 시작된 것이다. 당장 사무실에서 쓸 돈이 바닥이 났으니 직원들 월급도 못 주고 사무실 운영도 못

할 지경이었다. 그때부터 용역을 시작했고 용역으로 버티며 먹고 살았다. 수입을 마련하기 위해 여기저기 정책용역을 맡기도 하고 요로에 정책용역을 청탁하러 다녔다.

당시 봉급날 급여를 주지 못하고 퇴근하는 날이면 직원의 눈을 보기가 너무 가슴이 아팠다. 가슴에 찌르는 듯한 통증을 느끼며 '빠른 시일 내에 급여일을 지키겠다'고 다짐하고 또 다짐했다. 20년 가까운 세월이 흘렀지만 그때를 생각하면 지금도 가슴이 아프다. 내 얼굴만 쳐다보는 직원들을 보고 '삼수갑산을 가더라도 급여를 주어야겠다'고 생각하고 단호한 결심을 실행하였다. "채무자 한상록, 채권자 한상록, 무이자, 여건될 때 변제"라는 조건으로 실행할 수밖에 없었다. 담보대출 채무는 늘어만 갔다. 5천만 원으로 늘어나 숨이 턱에 찼었다.

어느 날 저녁자리에서 급여를 주지 못하는 고충을 이야기할 기회가 있었다. 이를 들은 N회사 C대표는 며칠 뒤 사무실로 와서 큰 봉투를 내밀었다. 당시 본인 회사도 녹록치 않은 상황에서 어렵게 돈을 마련해온 것이다. 나도 모르게 눈시울이 붉어졌다. 지금도 그때를 잊지 못한다. 아니, 평생 잊을 수가 없다.

고단하고 힘든 날들 속에도 희망을 놓지 못한 이유

그 막막했던 혹한기에 공감하고 지원해준 N사 C대표의 지원을 계기로 그동안 공을 들여 준비해왔던 정부과제의 지원금이 조금씩 풀리기 시작했다. 재정 숨통이 트이면 잘 굴러갈 줄 알았던 나노조합이 생각보다 힘들게 굴러갔다.

그 당시 직원들은 나노가 뭔지 몰랐다. 그냥 서울에 직장이 있다니까 한번 가볼까 하고 오는 사람이 대부분이었다. 직원이 들어와서 제대로 일을 하려면 한 이년 걸려야 되는데 직원이 그때까지 남아 있질 않으니 급한 대로 나만의 원맨쇼를 해야 할 때가 많았다. 내가 직접 사람들도 만나러 다니고 읍소도 하고 술도 먹고 전화도 하고 사람도 동원했다. 그런 시간들과 워드를 쳐야 하는 시간, 또 옆에서 부탁하는 시간 등. 그렇게 시간을 보내다보니, 직원 중에 한명이 나한테 "우리가 노예냐"고 항의도 했었다. 그 정도로 힘들다는 얘기였다.

그때 상황은 "황우석의 월화수목금금금"은 좀 약했다고 생각한다. 나는 아침 7시부터 저녁 12시까지 쉬지 않고 일했다. 오늘 전화해서 내일 정부의 검토 오더가 나오게 되면, 낮에는 도와줄 사람이 있는데 저녁에 일이 생기면 직원들도 퇴근하고 아무도 도와줄 사람이 없었다. 또 직원들은 내가 시키는 것만 하지 겁이 나서 최종 결론을 내리지 않은 경우가 많았다. 그래서 보통 12시 정도까지 일을 하거나 술을 먹거나 했다. 그러다보니 수면 부족, 과로, 음주, 운동 부족으로 당뇨병이 시작되었다. "과로는 죽음에 이르는 병"이라 했는데……. 그 당시에 어느 정도로 일을 했냐하면, 조그만 회의실이 있었는데 거기서 바닥에 매트를 깔고 잤다. 난로 하나 틀어놓고 일하였는데 몸이 말을 안 들어 한번 누웠다 하면 몸이 움직이기 싫었었다. 그냥 쓰러져 자니까…….

직원 중 한 사람이 '노예' 운운하는 소리에 가슴이 '턱' 하고 막혔다. 억하심정도 들었다. 세 명의 직원이 자기들은 노예고 내가 주인이라는 얘기인데 나도 모르게 직원들에게 볼멘소리를 했다. "주인은 일을 안 한다. 그런데 우리 중 누가 더 많이 일을 하냐? 누가 더 고민하냐? 지금 어려운 시기인데 힘들어도 할 때는 해야지 이렇게 안 하면 못 한다!"며 힘들어하는 직원들을 독려하며 나아갔다. 심정적으로 불광불급(不狂不及, 미치지 않으면 미치지 못한다) 또는 백척간두진일보(百尺竿頭進一步)를 이야기하고 싶었다. 하지만 얼마나 힘들면 그렇게 이야기할까 싶어 안쓰럽기도 했다. 당시 직원들은 내 마음을 몰라주는 것 같고 나도 심신이 힘들고 고단하니 건강이 더 나빠졌다. 몇 년 후 2006년《사장으로 산다는 것》을 읽고 펑펑 울었던 것은 그때의 심정이 복받쳐 올랐기 때문이라 생각되기도 한다.

2003~2006년 경에는 이직율이 높아도 너무 높았다. 직원 이직률이 무려 300%였는데, 총 7명 중 5명은 정규직인데 비해 비정규직 2명 자리는 신입사원들이 일 년에 몇 번씩이나 바뀌었다. 그 시절이 모두에게 힘들고 무척이나 고통스러웠다.그 당시에 이사장사가 LG전자였는데, 엘지가 반도체를 포기할 때다. 그런데 제1 과제가 반도체분야인 EUVL이었다. 그래서 좀 미안했다. 그래도 내 급한 마음엔 아무래도 LG그룹 하나만 확실히 잡으면 뭐라도 될 것 같았다. 조직을 운영했던 사람들은 사무국장실하고 이사장실은 가급적 멀리 떨어져 있어야 좋다고 했지만 내가 보기에 그것은 달콤한 이야기이지만 영양가는 없다는 생각이 들었다. 나는 다른 분들의 충고와는 달리 우면동에 있는 'LG전자기술원' 건너편 상가 4층에 사무실을 얻었다. 그러니까 집무실까지 가는데 걸어가도 10분도 채 안 걸리는 거리였다.

그리고 주차시설을 이용하기 위해서 일부러 이사장님을 만나러 가곤 했다. 내가 가면 이사장님은 이것저것 코치도 해주고 일주일에 한번씩 보고도 하라고 했다. 사람이 있어야 뭘 하는데 그때는 아무것도 없었다. 그

초창기 사무실

당시는 보고서도 만들어야 하고 정부 돈이 나오려면 시간이 걸리고 열심히는 했지만 과제도 없고 사람도 없었다.

어쨌든 아이디어를 짜내야 되니까 뛰어다니다가 아이디어를 못 얻으면 보고하기 전날은 하루 종일 무에서 유를 창조하는 고통의 시간을 겪어야 했다. 온밤을 새우며 머리를 짜내고 온갖 씨름을 해서 보고를 하면 이사장님은 딱 고민한 만큼의 충고나 코멘트를 해주었다. 그러면 그 다음날은 이사장님이 코치해준 걸 반영한 안을 만들고 그 안을 갖고 사람을 만나곤 했다. 그렇게 3일을 보냈다. 그 당시는 토요일까지 근무를 했는데, 남은 시간이 3일인데 3일 동안 돌아다녀야 했다. 그렇게 매주 또는 격주로 하다 보니 한 달이 지나면 아이디어도 바닥나버렸다.

그런데 당시 LG에서는 기술원장(이사장) 결재를 받으려면 1시간을 줄을 서서 기다리곤 했다. 그런데 나는 한 십분 기다렸다가 이사장님을 뵈면 보통 한 시간 이상을 찬찬히 얘기를 해줬다. 그런데 부장들은 5분 결재 받으려고 한 시간씩 줄을 서서 기다렸다. 그만큼 내가 정성과 사랑을 받았다. 이사장님은 굉장히 엘리트의식이 강한 분인데, 배려도 하시고 차근차근 잘 얘기해 주시는 분이다. 그런데 그분의 마인드는 본인이 이사장을 맡았으면 자신이 맡은 조직은 일류조직이 되어야 한다는 것이다. 그렇게 한 3개월 정도 하고 나니까, 이사장 성향도 알고 그분도 내 성향을 알게 되었다. 그렇게 서로를 잘 알고 나니 2주에 한 번씩 오라고 했다. 그러다가 3개월 더 지나서는 한 달에 한 번씩 오라고 했다. 그렇게 했던 것이 지금 돌아보니까 많은 자양분이 되었고 철학을 얻었다. 그 중의 하나가 리더의 덕목 중에 가장 큰 것은 "직원들 봉급을 안 주면 안 된다"이다. 누가 뭐래도 직원 봉급은 꼭 주면서 살아야 한다는 것이다. 두 번째는 "구성원들이 밝고 행복해야 하고 구성원들한테 미션만 주지 말고 희망도 주라"는 것이다. 그런데 나는 아무리 봐도 두 번째, 구성원의 밝고 안온함은 지켜주지 못하였다.

그래도 다행인 것은 벼랑 끝에까지 몰리던 차에 EUVL 과제비가 통장으로 입금되었다. 이제는 직원들의 월급을 안정적으로 주게 되었다.

'차세대신기술개발'이라는 10년 수행과제를 조합이 맡게 되었다. 장기이고 비교적 규모가 있는 R&D 과제여서 LG에서도 참여했었고 다행히 위기를 넘기고 경영수업까지 덤으로 받았다. 그러면서 엘지 쪽으로 많은 네트워크를 다질 수 있었다. 곧이어 LG와 삼성을 연결하는 나노조합 네트워크는 연구자들과의 기술개발 과정을 통해서 충분히 피가 되고 살이 되는 관계를 만들 수 있었다.

초창기 이희국 사장님과 함께한 자리

초창기의 어려움은 사서도 한다고 하지 않는가. 그때 나는 마음마저 지쳐가는 피폐한 시절을 맞고 있었지만 이상하게 안 될 거라는 생각은 하지 않았다. 무엇보다 이사장님께 보고하러 가는 발걸음이 무척 가벼웠다. 그분을 만나서 지시를 듣다 보면 마음으로부터 절로 존경심이 우러나왔다. 자연스럽게 나는 사랑과 포용의 경영이 어떤 것인지를 알게 되었다. 그때 처음 아웃소싱의 진정한 의미는 '자신이 알고 있는 핵심역량에 집중하기 위해 필요한 것이 아웃소싱'이라는 것을 절감케 됐다. 무엇보다 전문가들은 자신만의 주된 영역이 있고, 그 영역의 전문성만을 제공해주는 사람이라는 것을 알게 되었다. 그때부터 더 많은 전문가를 만나고 도움을 청해야 보다 많은 전문적인 역량과 인맥, 식견을 넓힐 수 있다는 것을 차츰 몸으로 알아가게 되었다.

나쁜 리더를 만나 사서 고생을 했던 직원들

그때 나는 나쁜 리더였다. 내가 나쁜 리더일 수밖에 없었던 건 당연한 수순이었다. 나노기술은 태생부터 최첨단영역의 과학기술이었다. 시대를 앞서가는 첨단기술이었다. 그런 기술을 다루는 전문가들은 당연히 첨단과학을 다루는 대학연구소나 첨단소재를 만드는 기업들이 멤버가 될 수밖에 없었다. 그리고 정부기관은 과기부, 산업부의 일류 부처였다. 그들은 어려운 행시를 패스하고 대부분 SKY출신들이어서 자부심이 대단하였다. 나는 필연적으로 학벌 좋은 고급 두뇌를 상대해야 했다, 내가 온갖 잠재력을 발휘해야만 그 사람들과 겨우 대화를 할 수 있고 자리를 끌어갈 수 있었다. 그리고 과제를 하나 하게 되면, 밤 12시까지 고민하고 누구를 만나서 부탁을 하거나 공부하는 시간을 가졌다. 직원들 입장에서 보면, 뭐라고 하나 들어보는데 못 알아듣는 소리로 마구잡이로 일을 하고, 일을 할 수 없으니까 내가 써가지고 오고, 고치고 그렇게 계속 같이 시간을 보내니까 서로 공감대가 없었다. 그리고 그 당시 급여도 제대로 안 됐으니까 돈은 적게 주고 출근하면 언제 갈지도 모르는 전형적으로 나쁜 리더였다. 그런데 나무랄 수도 없는 게 내가 가장 일을 열심히 하고 가장 힘들게 일하고 제일 늦게까지 남아 있으니까, 불평불만도 못 했다. 그때 직원들과 했던 유일한 말이 '좀 있다 보자!' 였다. 그런데 직원들은 기다려주지 않았다. 그때 이직율이 무지하게 높았다. 그래서 내가 느낀 것이 초창기 셋팅해서 7년 정도 돼야 겨우 자리잡히는 것 같았다. 그때까지는 생존을 위한 투쟁이었지 다른 게 없었다. 제일 힘들었던 것은 아무것도 없었고 공간만 늘리는데, 상가건물은 상인들이다 보니까 입주자에게 투자를 절대 안 한다. 그래서 빈 공간에 낮에는 냉방이 들어오는데, 밤에 회의

초창기 나노조합직원과의 이모저모

를 하면 냉방이 안 되니까, 땀을 비질비질 흘리면서 일했다. 특히 땀 많이 흘리는 사람은 죽겠다고 했다.

그중 A 교수가 회의하다 말고 자리에 없어서 가버렸나 보다 하고 서운해 했는데, 선풍기를 두 대를 들고 왔었다. 한편의 서글픈 코메디라는 생각이 들었다.

그리고 나노조합이 네임밸류가 없을 때이니까, 처음에 사람을 만나서 가면 질문이 끝이 없었다. 나노조합이 뭐하는 데에요?, 실적은 어떻게 되요?, 인적구성에 전문가는 누가 있어요?, R&D는 누가 해요?, 이런 질문들 하나하나가 허들을 넘는 느낌이었다. 단 하나 위로가 됐던 것은 초대 이사장인 이희국 사장님을 모시고 있다고 하면, “아 그분이 하면 잘 하시겠네요”, “그분 존경합니다”라는 얘기를 많이 들었었다. 그래서 다른 건 다 어려워도 그분 얘기를 들먹이면 우호적으로 바뀌는 것이었다. 그래서 후광이 너무나 중요하다는 생각을 했다.

나노종합발전계획을 구체화하다

이제는 벤치마킹에서 벤치메이킹으로 가야 한다

21C가 시작된 지도 어느새 20년이 지났다. 이제 세계의 산업화두는 벤치마킹에서 벤치메이킹으로 전환해야 할 시점이다. 모방의 시대에서 창조의 시대로의 대혁신! 벤치마킹에서 벤치메이킹으로의 전환은 'r'이라는 글자 하나 빼는 간단한 변화로는 비길 수 없는 엄청난 노력과 투자가 필요한 마인드의 대변환이 되어야 한다. 벤치마킹은 참고할 대상도 있고 남들이 먼저 성공한 사례가 있기에 성공의 확률도 높은 후발자의 이점을 충분히 누릴 수 있다. 하지만 벤치메이킹은 아무도 가 보지 않은 길을 스스로 개척해서 나아가야 하는 것이며, 목표 또한 바로 앞에 있을지 생각보다 멀리 있을지 알 수 없는 경우가 대부분이다.

하지만 지금의 우리 과학기술은 바로 긴 마라톤 레이스에서 중위권을 벗어나 선두권에 진입하는 단계로 비유할 수 있을 것이다. 한 발짝을 떼어놓기 위한 벤치메이킹은 벤치마킹보다 몇 배의 노력이 필요할 지도 모른다. 중위권에서의 추격 레이스보다 몇 배 더 힘든 선두 지키기 레이스처럼 벤치메이킹이 힘들고 험난한 길일지라도 우리는 그 길을 가야만 한다.

나노테크놀로지는 바로 벤치마킹할 대상이 없는 그야말로 벤치메이킹의 표본적인 시스템이어야 한다.

2001년 과학기술부는 차세대 첨단기술로 떠오르고 있는 나노기술(NT)의 체계적인 발전을 위해 '나노기술 종합발전 10개년 계획'을 수립했다.

2010년까지 3단계에 걸쳐 추진되었던 이 계획은 정부와 민간 투자자금 1조3천725억 원을 투입, 5년 내에 NT 연구를 위한 주요 인프라를 구축하고 세계에서 10위권 안에 드는 NT 경쟁력을 확보한다는 것을 골자로 추진되었다.

나노기술종합발전 계획을 살펴보면 정부는 2010년까지 다른 나라에 비교우위를 갖는 최소 10개 이상의 첨단 NT를 확보하고 이 기간 연 인원 1만3천여 명의 NT전문가 양성을 목표로 하였으며, 이를 위해 NT 연구의 핵심설비와 나노연구소, 벤처기업을 지역적으로 집중시킨 5만평 규모의 나노타운을 조성하고 미국 실리콘밸리 등 선진 연구집단의 관련 연구시설을 공동 활용, 해외와의 연구네트워크를 설치한다는 방침을 세웠다.

이와 함께 민·관의 NT전문가와 경제, 사회분야의 전문가, 외국인 석학 등 10여 명으로 구성된 '나노기술발전위원회'를 설치해 주요 연구기술개발 방향을 제시하고 연구성과를 종합평가하는 역할을 수행내용에 포함하였다.

과학기술부는 "NT 인력양성 계획을 본격화하면 앞으로 4년간 세계적 수준의 박사급 인력 50명과 핵심연구를 담당할 중견전문가 100명을 양성할 수 있을 것"이라며 "필요에 따라 연간 20명의 외국 전문인력을 유치할 계획"을 밝혔으며, 또한, NT 관련학과와 업체들의 병역특례 적용을 확대해 우수한 연구 인력을 유치한다는 계획을 발표하였다.

2001년 7월 마련된 정부의 "나노종합발전계획"은 선언형태이고, 이제는 구체화하는 그리고 실행예산이 마련돼야 하는 것이다. 또한 법적·제도적 뒷받침을 위해 국회는 '나노기술개발촉진법'을 통과시켰다. 이제는 주요부처(과학기술부/산업자원부)가 중심이 되어 산·학·연·관 협력을 이루어 나노를 신산업으로 만들어 가야만 한다.

우리 조합은 산업계의 의견을 반영하고 정부와 징검다리 역할을 하는 구심체임을 당연시한다. 그 중 하나가 전문가회의와 더불어 산업계 의견을 모아 정부정책에 반영하는 일이다. 그 과정은 계절적으로 겨울을 지나 봄/여름/가을을 거쳐 다시 겨울로 이어졌다.

그때는 아침을 사무실에서 맞는 게 웬만하면 일상이 되었던 시절이었다. 돌아보니 1년여를 심야근무 또는 철야근무를 한 것이다. 그런데 심야근무를 하는 것은 냉정히 말하면 "일이 많아서가 아니다" 솔직히 말하면 미국은 국가전략(NNI)으로 채택하여 간다는데, 일본은 산업부흥전략으로 나노를 활용한다는데, 우리는 어느 분야를 중점으로 해야 할지를, 그리고 산업계가 반기고 호응할 분야를 찾는 고민의 과정인 것이다. 아무도 가르쳐 주지 않는 길을, 왕도가 있을 것 같아 이리저리 헤매면서 그 길을 찾는 과정이다.

2002년 말 현재 나노기술의 발전단계는 연구계에서조차 태동기에 있다고 한다. 그러하니 삼성, LG를 비롯한 주요 대기업들도 적극적 관망의 입장이다. 즉, 미래신성장동력이라 하는 나노에 대해 동향을 파악하고 큰 흐름를 보아 적극 참여 여부를 결정하겠다는 자세인 것이다. 영업이익이 최우선인 매출규모중심의 대기업에서는 꿈을 먹고 살 수는 없다는, 지극히 당연한 선택이기도 하다.

오히려 오너중심인 중소·중견기업이 더 적극적인 행동을 하는 경우가 많았다. 그들은 특유의 감각으로 새로운 돌파구를 찾는 것이리라.

그래서 모든 신산업 태동기가 그러하듯, 정부에서 주도적 역할을 하고 대학과 연구소에서 선행연구를 하는 과정을 겪어 가게 되었다.

이런 상황에서 나노조합은 전문가를 파악하는 한편, 전문가회의와 의견 수렴을 자주 하게 되었다. 또한 개별 전문가를 방문하는 두 가지 방향을 택했다. 기업연구소장, 분야별 대학교수, 각종 연구원의 전문가 등을 망라했다. 그리고 이를 정리하고 종합하여, 나노조합의 산업화추진 방향을 세우고자 했다. 이런 과정 속에 소수인원이 모아진 의견들을 정리하고 우선순위를 정하고, 빈 곳을 채우는 과정을 반복하다 보니 겨울에 시작한 고민을 다음 겨울까지 단계적 과정을 밟아가게 되었다.

나노분야 인력양성 토론회

초창기 포럼

나노인의 전문성과 성실함이 나노의 미래를 밝게 해줄 것이다

사업을 할 때는 무엇보다 수요기업이 튼튼해야 한다고 생각했다. 그래서 임원사를 찾아가서 주요사업 아이템 몇 개가 나오면 그것을 가지고 산업부에 의논하여 정부 정책과 부합하는 것은 우선 모으고 정책 부합성을 따져보고 사업 추진 여부를 결정하곤 했다. 무엇보다 정부와 보조를 맞추는 사업은 정책 부합성이 중요했다. 이건 회사의 의지와는 상관없는 것이었다. 그래서 나노 사업은 '시장+정책!'이 가장 적합한 사업모델이라고 생각했다. 왜냐하면, 시장에서 필요하고 정책에서는 균형이 맞아야 하는데, 그러려면 우선 플레이어를 찾아야 한다. 그런데 플레이어는 주로 전문가 플러스 책임자여야 했다. 한마디로 전문성을 겸비한 덕망을 갖춘 인재여야 했던 것이다. 여기서 내가 이 사람들에게 했던 방법은 그들의 명예심을 자극하는 것이었다. 이게 키포인트 같은데, 나는 박사가 아니지만 우리나라는 10년 걸려 박사 되고 서울대 교수 되고 연대 교수 되면 기가 하늘을 찌른다. 그래서 내가 얘기하면 잘 안 듣는다. 그런 사람들이 우리나라에 수천 명인데 모두가 그러면 어떻게 되겠나? 그렇다고 내 기준이 낮고 실력이 없다보니 사사건건 물어볼 수도 없는 노릇이었다. 그래서 나는 그들이 성과 내는 것을 믿어 의심치 않는다고 그들을 신뢰하고 격려했다. 나는 그런 포지션이었다. 그리고 이건 결과가 나올 거라는 확신을 연구자에게 심어주었다. 왜냐하면 그 문제는 내가 고민한다고 해결될 문제는 아니었기 때문이다. 나는 단지 서포터를 자청했다. 필요한 걸 얘기해라, 예를 들어서 워크숍을 한다, 사람을 불러온다, 서포트를 받게 한다, 언론플레이를 한다 등의 일들을 내가 서포트하겠다고 했다. 나는 그들과 수많은 대화를 했다. 무조건 믿어주니까, 그 중에 한 80%는 긍정적인 방향으로 변했다. 처음엔 "왜 한전무님이 방향성에 자꾸 간섭을 하고 그러시냐? 뭘 아신다고……?" 그러는 사람도 있었지만, 그런 분들도 나중에 나하고 철학의 문제가 합치되면 잘 되었다. 한두 사람 정도는 철학이 아니고 인정과 자기 인연을 따지는 분도 있었다. 그래서 소속감이 너무 강하거나 너무 친밀도에 좌우돼 움직이는 사람은 조심해야겠다고 생각했다. 자기하고 같이 일했거나 인연이 있는 쪽에 자꾸 일을 주니까 문제가 생긴다. 어떤 과제는 원래 있었던 책임자가 일년 정도 해외를 나가게 되서 다른 책임자에게 잠시 맡겼다가 다시, 그 사람이 복귀를 해서 진행을 했는데 도저히 성과가 안 난 경우도 있었다. 어떤 조직이든지 잘 만드는 데는 5년 이상 걸리고, 망가지는 데는 일년이면 충분했다.

나노조합 핵심 회원들

초창기 한국 나노융합기술에 구심점이 되었던 분들은 산업계에는 이희국 사장(나노조합 이사장/LG전자기술원장)과 스텝, 그리고 유병일 부사장(삼성전자 반도체연구소장/후임 김기남 부사장, 이원성 부사장 등)이 주축이 되었다. 학연은 나노기술연구협의회가 주축이 되어 나노 붐을 주도했다. 그

중심에는 한민구 교수(서울대)와 임한조 교수(아주대)가 있었다.

나노 사업 초창기에는 지금은 감히 생각도 할 수 없는, 삼성과 LG가 의기투합하여 의미 있는 성과를 거두던 아름다운 시절이었다. 한국을 대표하는 두 대기업의 핵심 두뇌들이 모여 기획실무자회의를 만들고 미팅을 정례화했다. 당시 젊은 브레인들은 삼성의 김학진과 손○○, LG의 이기연과 한재준, 일화의 손○○가 있었다. 그들은 회의가 끝나도 젊은 피를 어쩌지 못해 포장마차에 앉아 잔을 부딪치며 우리 나노의 미래를 다질 기초를 마련하는 데 골몰했다. 술안주감으로는 너무 맛없는 안주였겠지만 포장마차와 맥주집에서 시행령 제정 아이디어와 전문가네트워크 운영에 관한 구상이 나왔다면 우리 나노업계가 너무 낭만적이지 않은가. 당시 종합계획은 최영진 교수(세종대)와 조진우 연구원(전자기술원)이 마련했다. 모두들 조국의 미래 발전을 위해 머리를 맞대던 아름다운 젊은이들이었다.

세상은 정말 넓고 깊다. 몰라도 너무 몰랐다. 나를 비롯해 동료들도 산업분야가 그리 엄청나게 다양한지, 심오한 세계인 줄 한번도 체험하지 못한 것이다. 연구분야에도 전문가와 뛰어난 고수가 많다. 한결같은 열정으로 수십 년을 연구해 온 끈기로 무장된 이들이다. 그리고 이들은 하나같이 우리의 고민과 요청에 대해 친절하기만 했다.

정중히 청하면 거의 대부분 친절하게 견해를 이야기하고 자료까지 쥐어주었다. 우리는 매일 이들에게서 기운을 받았다. 희망을 얻었다. 물론 한 분야에서 성실히 연구한 내용을 널리 알리고 싶은 개인적 욕구도 있었다고 본다. 어떠랴! 그들의 전문성과 성실함이 나노의 미래를 밝혀갈 것을 믿어 의심치 않기에…….

차세대 신기술개발사업이 남긴 빛나는 열매들

산업자원부에서 '나노산업발전계획'을 수립 시행한 것이 2001년 7월, 나노조합이 만들어진 게 2001년 12월이었지만 그때까지 그 누구도 자신 있게 나노가 이거다 하고 말할 수 있는 사람은 거의 없었다.

대학의 연구소 사람들 정도가 개념을 좀 잡고 있었고, 실제적인 성과물로 보여져야 산업계가 호응할 수 있을 분위기였다. 무엇보다 과기부의 호응을 이끌어내는 게 중요했다. 그래서 여기저기 불려다니고 시행령은 어느 정도 만들어졌고 법을 만들 때는 내가 관여하지는 못했다. 2001년 가을로 접어들 무렵에 TND사업단이 막 꾸려져서 달려가고 있을 때, 나는 기업들을 모아서 창립총회를 하고 R&D 기획을 했다. 그때 R&D 기획을 했던 것이 EUVL(극자외선리소그라피)이다. 옛날에는 직접적으로 렌즈를 통해서 패턴을 사진 찍듯이 인화를 시켰는데 그렇게 하면 선폭이 좁아지니까 번짐이 생겨서 더 이상 인화가 안 됐다. 그래서 기존 방식을 미러라고 하는 반사거울을 이용해서 작업하는 방식으로 바꾸는 기술을 연구개발하고자 했는데 그것이 EUVL(극자외선리소그라피)이다. 그때 삼성의 반도체 연구자, 한양대 안진호 교수, 전기연구원의 담당자, 그리고 동진의 새미킴, 김덕배 상무 등이 모여서 기획을 논의했다. 그 당시에 사무실이 우면동에 있었다. 그 회의에는 수요기업과 공급기업이 같이 들어왔는데, 그 당시는 신기술에 대해서 대기업이나 벤처기업이나 똑같이 목말라 하던 시절이었다. 삼성에서는 그것을 하고 싶어서 정부에서 시드머니를 좀 받아서 회사의 큰돈까지 얹어서 사업을 진행하겠다고 하는데도 위에서 서포트를 못 받았다. 그 당시 상황을 간단히 얘기하면 연구과제 중에 엑스레이 같은 것도 있고 소프트 엑스레이가 있고 몇 가지 후보군이 있었다. 그 중에서 미래기술은 이것이 선점할 것이라는 등, 이 기술은 이 문제를 해결하지 않으면 전망이 불투명하다는 등 해결되지 않은 기술적 문제가 몇 가지 있었다. 그래서 엑스레이는 결국 포기한 것이 직진성이 너무 과해서 잘못하면 렌즈에 구멍이 뚫린다고 안 됐고, 그 다음에 소프트한 것은 우리가 가지고 있는 기술을 가지고 다루기가 너무 어려웠다.

당시 연구목표는 13.5nm을 이용하는 EUV리소그라피 관련 핵심소재와 부품, 장치를 개발하는 것이었다. 또한 35nm node 이하의 반도체 소자의 생산에 필요한 핵심 소자제조기술의 확보, 새로운 원리의 마스크, 레지스트, 세정장비를 상용화하여 세계시장을 개척하여 반도체 및 NT관련 산업의 주도권을 확보하는 것을 연구과제로 주어졌다.

어쨌든 기획과제보고서를 두 번씩이나 갈아 엎는 진통을 겪기도 했지만 첫 해는 20억 미만 그리고 성과에 점증하여 년간 25억~30억 과제를 10년간 진행하였다. 젊고 유능한 한양대 안진호 교수가 자연스레 총괄책임을 맡게 되었다. 그렇게 해서 새로운 진용을 갖추고 2003년에 출발해서 2011년에 끝났다. 기술이라는 것이 늦게 출발하기는 쉬워도 빨리 출발하기가 어렵지 않은가? 그런데 정부에서는 성과가 급해서 10년 짜리를 9년에 끝내라고 했다. 그래서 이게 뭐냐고 물어보니까, 방침이라서 어쩔 수 없다고 했다. 그리고 예산까지 깎으려 해서 "10년짜리를 9년에 끝내면 훨씬 더 힘들고 더 많은 투자가 필요한데 돈은 9년짜리만 주면 어떡하냐?"
고 항의를 했다. 돈은 10년치를 다 달라고 요구했고 다행히 10년치는 다
받아냈다.

그리고 삼성측에 협조를 구했다. 2년 할 일을 1년에 해야 하는 R&D이
므로 특단의 대책과 추가 예산투입을 요청하였다. 이때에 위기에 강한 삼
성전자를 보았다. 치밀한 과제 진행과 예산 투입으로 EUVL과제는 1년
앞당겨 성공적으로 종료되었다.

한 가지 아쉬움이 있다. 정부과제의 성공에 삼성의 이름으로 보도자료
를 요청했는데, 절대로 낼 수 없다고 펄쩍 뛰었다. 그 이유는 메이저의 견
제 그리고 보안과 해외로의 기술유출 방지 때문이라고 들었다.

EUVL Test Bed 빔라인 (포항가속기연소 EUVL 전용 빔라인)

Stand alone EUV CSM/ICS system (한양대 FTC cleanroom)

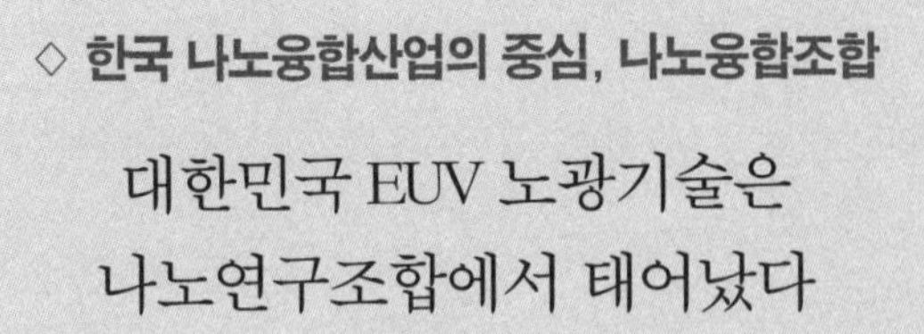

◇ **한국 나노융합산업의 중심, 나노융합조합**

대한민국 EUV 노광기술은 나노연구조합에서 태어났다

안진호 한양대 교수

2002년 여름이었을 것이다. 벌써 20년이 다 되어가는 아스라한 기억을 더듬자니 나의 기억력이 따라가질 못 한다. 그래도 그해 여름은 내게는 잊지 못할 뜨거운 여름이었다. 이글거리는 태양이 서울의 아스팔트를 녹일 듯이 작렬하고 있었지만 내 심장을 더 뜨겁게 달군 사람을 만난 것이다. 처음 만났을 때 그 사람의 사무실 풍경을 아직도 생생히 기억한다. 20년 전이지만 그때는 사무실과 집에 선풍기 정도는 놓고 살았지 않았던가? 지금 젊은 사람들은 무슨 라떼 이야긴가 하겠지만, 그 당시 우면동 상가의 한 귀퉁이에 위치했던 나노연구조합 사무실에는 선풍기도 없이 한 켠에는 야전침대가 놓여 있었다. 그리고 그 사무실에는 자그마한 키에 다부져 보이는 딱 한 사람이 근무 중이었다. 이게 내 인생의 새로운 여정을 시작하는 계기가 된 나노연구조합 그리고 조합을 20년간 지켜온 한상록이라는 사람과의 인연의 시작이었다.

그때 나의 관심분야는 그 당시 반도체를 연구하는 사람들에게도 생소했던 EUV 노광기술이다. 2019년 일본 전 총리의 수출규제 덕분에 지금은 전 국민의 반 이상은 그 이름을 알고 있지만 정말로 아주 특수한 기술이다. 언제 쓸 수 있을지 몰라 국내에서는 아무도 거들떠보지 않던 EUV 노광기술에 대해 1998년도부터 우리나라에서는 처음으로 그리고 그 후로도 한동안 혼자서 연구를 근근히 이어나가던 차에, 두 사람이 나타나 내게 커다란 지원군이 되어 주었다. 바로 당시 나노연구조합의 한상록 사무국장님과 삼성전자 기술기획팀의 김○○ 과장님이었다. 당신이 하고 있는 일이 앞으로 우리나라 반도체 산업에 진짜로 중요한 일이라면 정부의 지원을 받아 국내 기업들과 함께 준비해 보는 게 어떻겠느냐는 제안을 받은 것이다. 그래서 당시 37세였던 나는 이 두 분과 그 후로 10년간 EUV 노광기술에 대한 연구개발 지원을 받기 위한 대형 국책사업을 기획하게 되었다. 그 덕분에 기획을 돕던 내 연구실의 대학원생들은 그야말로 생고생을 하였지만, 지금 그 제자들은 국내외 기업에서 EUV 노광기술 개발의 핵심 인물들로 활약하고 있으니 그 노력이 헛된 것은 아니었다.

그 해 여름 내내 아침부터 밤까지 양재동 나노연구조합의 사무실 뿐만 아니라 전국 어느 곳이라도, 새로운 아이디어를 얻을 수 있고 새로운 우군을 발굴할 수 있는 때와 장소라면 서슴치 않고 달려갔다. 덕분에 우면동 상가 1층의 분식집을 비롯한 근방 식당은 단골이 되었고, 청계산○○이라는 식당은 떨어져 가는 기운을 보충하는 중요한 역할을 하였는데 지금은 어떻게 되었나 모르겠다. 열과 성을 다한 노력과 운이 합쳐져 결국은 산업부에서 지원하는 차세대신기술개발사업의 신규과제로 'EUV 노광기술 개발사업'이 선정되어 2002년 12월부터 10년간 지원을 받게 되었다는 소식을 듣게 되었다. 바로 이 사업이 나노융합산업연구조합 역사상 제1호 R&D 사업이다.

삼성전자와 동진쎄미켐 그리고 한양대, 포항공대, 성균관대, 서울대 등 여러 대학이 참여하고 책임자인 나를 도와 나노연구조합이 사업단의 운영을 맡으면서 야심찬 출발을 하였지만 금방 현실적인 난관에 부딪치게 되었다. 우리가 개발하던 EUV 마스크와 포토레지스트의 성능을 확인하기 위해서는 EUV 광원과 평가장비가 필요했지만, 국내에는 전혀 그러한 인프라가 없었던 것이다. 유일하게 기댈 수 있던 곳은 포항가속기연구소. 빛의 속도에 가깝게 전자를 가속시키고 그들을 저장링이란 설비에 가두어 놓은 거대시설에 특수한 광학장치를 설치하면 EUV라는 파장을 뽑아낼 수 있기는 한데, 기존의 광학기술과 전혀 다른 EUV 설비를 꾸미고자 하는 것이 문제였다. 나를 포함해 국내 누구도 그러한 경험을 가진 사람이 없어 자신도 없었을 뿐더러 그러한 설비를 만들려면 수십 억의 비용이 필요하다는 가속기연구소의 전문가들의 의견이었다.

그래서 곰곰이 생각해 보았다. 예산도 쥐꼬리만큼 밖에 없고(십여억 원이었으니 쥐꼬리 치고는 무지하게 큰 쥐꼬리이지만, 지금 EUV 노광장비 한 대의 가격이 1800억이니 쥐꼬리라 부르는 게 무리도 아니다) 경험도 없는 나를 도와줄 사람은 이 세상 천지에 어디에 있겠는가? 바로 EUV 노광기술을 세계 최초로 제안하고 연구를 했던 사람이 아닐까? 그래서 바로 EUV 노광기술의 창시자이며 당시 히메지 대학에 근무하던 기노시타 교수에게 연락하고 무작정 길을 떠났다. 나중에 효고 대학으로 이름이 바뀐 히메지 대학은 일본에서도 촌구석(그들의 '이나카'라는 표현을 그대로 옮겨 온 것임을 밝힌다)에 위치해서 찾아가는데 눈 오는 겨울에 고생이 많았다. 그 교수님방에서 다섯 시간 넘어 기다린 후 두 시간 넘는 대화 끝에 겨우 연구를 시작할 수 있는 수준의 아이디어를 얻게 되었다. 나의 끈질김에 감동을 받아서 값싸게 광학계를 만들어 줄 수 있는 러시아 기업도 소개해 주었다. 그날 밤새 술을 함께 하면서 결국은 기노시타 교수와 나는 의형제를 맺게 되고, 4-5년 전 정년퇴임할 때까지 내 연구실의 박사 졸업생들과 국내 기업의 연구원을 본인의 연구실에 초청해 우리의 EUV 노광기술 연구개발에 많은 도움을 지속적으로 주었다.

기노시타 교수 덕분에 애초 걱정보다는 훨씬 절감된 예산으로 설비를 구성할 자신이 생겼지만 아직도 확보해 놓은 예산규모는 그 비용에 턱없이 부족했던 것이다. 이때 내게 정면돌파의 해결책을 제시한 사람은 바로 한 사무국장이었다. 또 다시 그 분과 몇날 몇일을 함께 고민하여 내린 결론은 참여기업들에게 출자를 요청하는 것이었고, 천신만고 끝에 기업들의 도움으로 예산을 확보하고 역사적인 EUV 연구개발 지원을 위한 설비의 구축이 시작되었다. 그때의 값진 경험이 우리나라 반도체 산업의 모양을 바꾸게 된다. 어떤 조찬 모임에 참여기업의 이○○ 회장님이 참가한다는 소식을 듣고는 술기운을 빌려 새벽에 무턱대고 찾아가 예산을 내놓으라는 나를 따뜻이 대해주고 예산을 지원한 그 분께도 감사를 드린다.

여러 도움 덕분에 그 사업단이 운영되던 10년 간 정말로 신나게 일했다. 어려운 일을 맡아 하던 연구원들의 사기를 북돋아 줄 수 있는 가장 손쉬운 방법은 서로 격려할 수 있는 자리를 마련하는 것이었다. 나노연구조합의 헌신적인 도움으로 어렵지만 한번 해보자는 결속력을 지속적으로 쌓으면서 우리 연구단 60여 명 모두 한 가족처럼 지냈다. 그렇게 했음에도 아직까지 살아 있는 게 기적일 정도로 술도 많이 마셨다. 항상 끝까지 자리를 지키며 지치지 말라고 다독거려주던 한상록 전무님이 없었다면 견디기 힘든 난관이 많았지만, 결국은 그때의 R&D 투자가 2019년 세계 최초로 반도체 양산에 EUV 노광기술이 적용되고 우리나라의 반도체 산업이 메모리 반도체에서 탈피하여 파운드리 산업(다른 회사의 반도체 소자를 대신 만들어 주는 수탁생산 산업)까지 확장될 수 있는 초석을 마련하였다고 자부한다.

그때 EUV 노광기술 R&D 때문에 인연을 맺은 대부분의 사람들과는 아직도 형제처럼 지내고 있다. 하지만 안타까운 것은 한창 일할 나이임에도 일선에서 물러날 수밖에 없는 우리나라 기업문화에 따라, 반도체 산업의 중앙 무대의 주인공 자리에서 물러나 조연이 되었다는 것이다. 당시 삼성전자의 과제책임자였던 조○○ 부장님은 퇴임 후 한양대에서 연구를 이어갔고, 그 이후 세계 유일의 EUV 노광장비 기업인 ASML사의 한국지사 부사장으로 근무하다가 작년 말 정년퇴직하고 최근 반도체 장비/소재 중견기업에서 EUV 관련 연구개발을 맡는 사장으로 자리를 옮겼다. 사업의 기획과 운영을 끝까지 도와주던 당시 김○○ 삼성전자 과장은 기술기획 그룹장으로서 퇴진하고 현재는 손꼽는 반도체 장비 글로벌 기업의 한국지사에서 전무로 근무 중이다.

이렇게 20년간 함께 일하던 분들이 하나 둘씩 자리를 옮겨가고 있는 사이 얼마 전 한상록 전무님이 조만간 퇴직 예정이라는 이야기를 듣게 되었다. 여러 사람에 대한 다양한 기억을 갖고 떠나시겠지만 첫 번째 R&D 과제였던 EUV 노광기술이 양산적용까지 되었으니 아마도 나를 만났던 것에 대해 후회는 없으실 것이다. 나도 이제 57세이니 8년 후에는 이 분들과 마찬가지로 일선에서 물러나더라도 정말로 후회없는 인생을 살았다고 자부한다. EUV 노광기술로 우리나라 반도체 산업이 또 다른 도약을 할 수 있는 토대를 마련했으니 나는 오늘 한전무님과 함께 물러나도 하나도 아쉽지 않다. 오늘, 춥지만 유난히도 파란 하늘을 보며 혼자 빙긋이 미소를 지어본다. 좋은 사람들 만나서 정말로 행복했다고…….

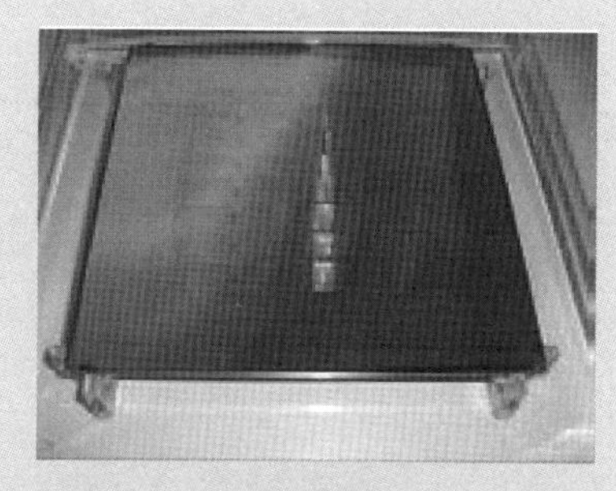

EUV MASK

EUV RESIST

Stand alone EUV CSM/ICE

나노산업의 베이스캠프를 마련하다

나노산업기술연구조합은 '산업기술연구조합육성법'에 의해 NT분야의 기반기술개발 및 산·학·연·관 협력체제를 구축함으로써 신산업 창출 및 사업화 촉진을 통해 국가 경쟁력 확보에 일익을 담당하고자, 2001년 12월 12일 창립총회 개최와 함께 설립되었다.

연구조합의 주요기능은 나노분야 산·학·연 협력을 유도하여 나노기술 개발부터 사업화까지 전 과정의 효율성 제고, 나노기술의 개발 및 사업화를 위한 인프라 구축, 회원사의 각종 애로사항 및 의견수렴을 통한 대정부 건의 등이다.

서울교육문화회관에서 개최된 창립총회를 축하하기 위해 참석한 산업자원부 반도체전기과 김경수 과장은 "정부는 국가 기술경쟁력 확보를 위해 나노기술개발사업이 반드시 필요하며, 나노산업기술연구조합이 중심이 되어 나노기술발전/산업화를 위한 정책개발 및 산·학·연·관 의견수렴 창고로 훌륭한 역할수행을 기대한다"며, 나노산업기술연구조합의 무궁한 발전을 기원하였다.

연구조합 임원 구성은 '이사장을 포함 10명 내외로 구성한다' 라는 원칙에 따라 선임하였다. 이사장은 조합 설립을 위해 노력해 주신 LG전자 이희국 원장이, 이사는 윤종용 대표이사(삼성전자), 김순택 대표이사(삼성

2001년 창립총회

SDI), 구본준 대표이사(LG 필립스), 최규술 대표(일진나노텍), 박준호 대표이사(실리콘 엔 시스템) 이상 6명이 선임되었고, 감사는 임형섭 대표(석경에이티)로 이사진을 구성하였다. 사무국 총괄관리를 위한 사무국장은 한상록 사무국장이 선출되었고, 뒤이어 운영을 위한 정관 및 운영규정이 승인되어 연구조합의 모습을 갖추었다.

나노연구와 산업의 장을 만들었으니 열심히 뛰는 일만 남았다. 조합의 특성상 기업의 임원들을 상대하는 업무가 많아서 처음에 효율성을 기하려고 주로 행사나 회의는 교육문화회관에서 했었다. 그런데 우리가 시간 따지는 효율성 가지고 했을 때 과연 효과성이 있는 거냐 하는 부분은 내가 간과를 해서 잘 몰랐다. 초창기에는 과제 워크숍을 서울교육문화회관에서 하는 경우가 많았는데 워크숍의 참여 분위기가 산만하여 제대로 워크숍이 안 되었다. 원인을 파악해보니 의외로 접근성이 좋은 교육문화회관 장소가 문제였다. 핵심인원이 워크숍에 가 있으니 "적당히 하고 회사로 복귀하라"는 회사의 방침에 참여인원이 적어지니 분위기도 썰렁하고 과제진도관리도 안 되게 된다는 것을 확실히 알게 되었다. 그 후부터는 워크숍을 할 때는 무조건 멀리 갔다. 워크숍을 하면 한 과제당 40여명씩 참석하는데, 멀리 가서 얘기하고 회의를 하면서 자연스럽고 깊이 있는 대화가 진행되어 갔다. 이는 흔히 저지르기 쉬운 상식이기도 하고 비상식이기도 하다.

오늘날은 직선과 속도라는 효율성의 시대를 살고 있는 우리들에게 변방에서의 창의적인 대화와 토론이 더 깊이가 있다는 울림을 깨닫게 한다.

그래서 하여튼 멀리 빠져나갔고 그러면서 전문가들을 불러서 강의도 하게 했다. 나는 사업을 효율적으로 진행하려면 집단성이 발휘되야만 소기의 성과를 거둘 수 있다고 경험적으로 알고 있었다. 그리고 집단성이 발휘될 수 있는 장을 만드는 것이 내 역할인데, 특히 해외에 나갈 때는 더 심화된다. 만나야 스파크가 일어나는데 특히, 해외 나가서 3박 4일을 지내다보면 다들 허물없는 친구 사이가 된다. 나는 그런 것을 자주 보아 왔고, 그런 만남의 장을 만드는 게 흥이 나고 즐거웠다.

우리나라 과제는 패자부활전이 거의 없는 것 같다. 경쟁과제로 1, 2, 3위 올라와 그 중 한 개 과제가 선정되면 다른 과제가 이듬해에 다시 결선과제로 평가받는 케이스는 거의 없는 것 같다

패자부활전에 적합한 것이 T+2B과제라 생각하여 전문가 토론과 부처보고를 통해 이를 시행했다. 금액도 3~4천 만 원의 소액으로 심플, 시의 적절성을 중시하는 평가방식이다. 또 하나는 한번 떨어지고 나면 끝인 게 아니고 전문가 코멘트를 반영하여 발전시켜 오면 재심사할 기회를 받게 된다. 이런 방식이 필자가 주장하는 패자부활전이다.

2011년 정기총회

2013년 정기총회

기획실무자회의, 연구협의회, 프론티어는 사람이 핵심이다

조합의 기본 미션은 법으로 규정한 R&D 공동연구개발을 수행하는 것이다. 조합은 주어진 기본 미션을 수행하기 위해 컨소시엄을 구성해 회원사의 연구 인력이나 시설, 장비를 조합 소유로 간주해 보다 효율적인 업무를 진행할 수 있다. 이는 과거 특연사 규정 11조에 근거한 기본 사항이다. 무엇보다 조합의 존립 근거가 나노연구개발과 성과를 홍보하고 이를 상용화할 수 있는 장을 만드는 게 또 하나의 존재이유이다. 이러한 개발자와 수요자의 가교 역할을 하기 위해 벌이는 사업들이 기술성과 교류회나 나노코리아, 수급기업연계 상담회 등이다. 하지만 이러한 공개 교류의 장을 꺼리는 기업문화 때문에 나노기술의 대중적인 홍보와 교류는 번번이 벽에 부딪쳤고 정부에서도 이러한 고육책을 잘 알고 있어서 나름의 돌파구 마련을 위한 전략을 세우려고 했다. 조합에서는 초기 미국과 일본을 벤치마킹하면서 소재기술을 어떻게 활성화하고 수요기업의 상업화 활동을 어떻게 해야 잘할 수 있을지를 눈여겨보곤 했다. 당시 산업자원부의 15대 전략지원단공모 사업 중 나노분야는 4개 시범지원단에 선정되었다.

경계에 서서 경계의 구분을 지웠던 사람

당시 나는 임원사들과 의기투합해 좋은 연구개발성과가 나올 수 있도록 지원자 역할에 충실했다. 그때는 나노에서 신기술이 되니까 정부로부터 돈도 좀 나오고 기업들의 호응도 좋았다. LG, 삼성, 한화 등 몇 군데 굵직굵직한 기업이 다 임원사로 활동을 하고 있었다. 지금도 여전히 삼성이 주축이 되어 운영되고 있다. 그 당시, 임원사에서는 기획실무자회의라는 것을 했는데 회의하고 아이디어도 내고 산업계에 전달하기도 했다. 또 그쪽의 사람들이 굉장히 활발히 하다 보니, 한달에 한번씩 회의를 하기도 하고 수시로 만나기도 했다. '임원사 기획실무자회의'는 지금도 있다. 임원사의 당시 '기획실무자회의'에는 삼성전자의 K그룹장, S과장, LG에서는 L부장, H과장, 삼성 SDI K부장 등 대략 7, 8명씩 모여서 의기투합하여 나노산업화에 대해 이야기하고 친목을 다졌다.

다른 한 축으로는 '나노기술연구협의회'가 있다. 주로 학연 연구자들의 네트워크이다. 리더급 나노기술인의 모임이기도 하다. 나노기술은 다학제적이라고 한다. 당시 재료, 물리, 화학, 전기, 기계 등, 나노에 관계된 모든 학문들이 융합된 모임이기도 하다. 동 협의회가 주축이 되어 인력 양성과 나노코리아 심포지엄을 매년 개최하여 오고 있다. '연구협의회'는 이사들이 한 20명 됐다. 초창기 리더로서 초대회장인 아주대 임한조 교수, 2대회장인 한민구 한림과학원 원장, 3대 재료연 김학민 박사이고…… 현재는 성균관대 부총장인 유지범 교수가 회장을 맡고 있다.

나노기술협의회는 운영위원회를 한 달에 한 번 정도 개최한다.

운영위를 진행하면서 회의안건 처리 외에 많은 토론이 오가곤 했다.

리더급 학자들이 모이니까, 회의가 어떤 형태이든 모양이 잡혔다. 처음에 모였을 때는 서로 자기주장만 하면서 핏대를 올리며 "모르는 소리 말아라" 등의 언쟁을 벌였다. 그리고 나서 일 년쯤 지나니까, 자기가 얘기하고 나서도 "그쪽 교수님은 어떻게 생각해요?"라고 묻기도 하고 말을 아끼는 이에게는 "김박사님은 어떻게 생각하세요?"라고 하면서 쉬어가기도 했다. 비로소 집단지성의 힘을 서로 자각하는 분위기였다. 이분들이 모두 안목이 높은 분들이시라, 전부 다 높은 자리나 중요한 연구를 맡게 되었다. 그래서 한번 회의하기 시작하면 세 시간에서 다섯 시간씩 했다. 한 시간 정도에 안건은 끝난다. 그 다음부터는 이슈 토론의 장이 된다. 그때 참으로 많이 배웠다. "아, 그렇게 된 거구나", "저분은 저렇게 얘기하는구나", "이분은 이렇게 얘기하네", "물리쪽에서 보면 그렇고 화학쪽에서는…… 또 전기쪽에서 보면 저렇게 보네", "기계쪽에서는 저렇게 보네" 등등 각자의 전문적 위치에 따라서 하나의 사안을 놓고도 다양한 해석과 논리를 펴는 게 무척 신기해 보이기까지 했다. 그래서 집단지성이라는 것이 그냥 공부해서 되는 것이 아니라는 것을 알게 되었다. 집단지성은 일정 수준의 지성을 갖춘 분들의 논리와 품격 있는 대화를 통해 형성된다는 것을 알게 되었다.

당시 또 하나 내가 느낀 점은 토론문화가 어떤 것인지를 여실히 알게 되었다는 것이다. 우리가 생각할 때에 토론을 하면 서로 자기 주장만 하면서 싸우기 다반산데, 진짜 토론은 싸우는 걸 두려워하지 말고, 제대로 격론을 벌이면서 보이지 않던 해답이 보이고, 얽히고설킨 매듭이 풀리며 정리가 된다는 것을 알았다.

그 다음에는 지속적으로 만나야 한다는 것이다. 토론하면서 싸우는 과정은 당연한 것이고 그것이 지속되며 집단지성이 발휘되는 현장을 목격하게 되었다.

무엇보다 나노연구개발 과정에서 학연의 다학제가 나노의 관습으로 얼마나 중요한 것인지를 알게 되었다.

필자는 2001년부터 2010년까지 동 협의회 사무국장을 맡아 조직의 골격과 운영방향을 세우는데 나름 일조하였다. 나노연구조합 사무국장도 맡고 있었다.

그러니까 '나노기술연구회'는 과학기술부 소관, '나노연구조합'은 산업부 소관이었다. 이렇게 나누어서 일을 하다 보니 양쪽을 오가며 조정 역할을 담당했다.

우리나라는 권력기관끼리 절대로 직접적 타협을 안 한다. 과기부에 가면 "왜 그렇게 하느냐? 다시 산업부에 얘기하라"고 하고, 또 산업부로 가면 여기서는 "왜 그렇게 하느냐? 과기부에 얘기하라"고 한다. 내가 산업부에 간다고 하면 산업부에서 요구사항이 있는 거다. 요구사항이 있어야 불만도 있는 것이고 불만이 없으면 요구사항도 없는 것이다. 한마디로 양 부처의 불만과 요구사항이 무엇인지를 면밀히 살펴봐야 한다.

보통 필자가 답변할 사항은 많지 않았다. 주로 산업부에서는 과기부 입장을 설명하고 과기부에서는 산업부 입장을 설명하게 된다. 그러다보면 항상 경계에 서 있어야 했다. 내가 경계에 서지 않으면 안 되는 일이었다. 그래서 머리가 지끈거리기도 했지만, 역지사지로 생각하는 법을 배웠고 양 부처간 전반적인 협조가 잘 되었다고 본다. 보고자가 한 사람이므로 오해 소지도 없었다. 그래도 행복했던 시절이었다. 언제나처럼 근무 시간에는 바쁘다보니 저녁시간들을 많이 내서 같이 맥주 먹으러 갔었는데 맥주는 얼마 안 마시고 계속 토론을 하는 경우가 많았다.

편하게 얘기하는 자리에서 아이디어가 다 나왔다. 딱딱한 업무 얘기를 하면서 술이라도 한잔 들어가면 편안하고 자유롭게 대화하게 되는데, 말하자면 "유머를 키우려면 술먹고 해라"라는 말을 실천하며 서로의 입장을 이해하게 되니 협력이 잘 되었다. 협력이 발전하여 양 부처가 '나노코리아'를 공동개최하기로 합의한 아름다운 결실을 가져오게 되었다.

프론티어사업단 중 대표적인 것이 TND사업단(단장 이조원), 메카트로닉스사업단(단장 이상록), 소재사업단(단장 서상희)이다. 이 사업단은 2001 또는 2002년에 출범한 10년 과제로 사업단별 년간 100억이 투입된 대형과제였다. 성과를 일일이 이야기하기에는 너무 많아서 여기서는 생략하고자 한다. 프론티어라는 사업명이 상징하듯이 R&D 수행을 통해 우수연구인력 양성을 병행하는 프로그램이었다. 그래서 훌륭한 연구성과를 뒷받침할 수 있는 우수인력이 수백명 배출된 것으로 기억된다. 그리고 사업단 종료 후에는 프론티어사업 후속프로그램이 만들어지고 이어 연구성과실용화지원단으로 이어지다 지금은 '일자리진흥원'으로 목표전환이 이루어졌다.

이름값보다 인품값이 더 비싸다

네임밸류가 있는 사람들이 대부분 그 이름값을 하는 경우가 많지만 시간이 지나면서 기획을 안 하는, 공동작업에 글이 아닌 말로 하는 분이 가끔은 있다. 시간이 지나면 공동작업에 지장이 크고 나아가서 다른 멤버들이 이를 대신하게 되면서 팀워크가 무너지곤 했다. 이를 해결해야 하는 것은 필자의 몫이었다. 전문가와의 미팅에서 세 가지 원칙을 세웠다.

첫 번째 가장 중요한 건 일 중심 멤버 구성이다. 기획회의에 출석을 세 번 안 하면 명망가를 불문하고 스트라이크 아웃을 통보할 수밖에 없었다. 방법은 간단하다. 다음 회의에 부르지 않으면 된다.

두 번째, 기획회의는 그날 정해진 미션을 합의하여 스케쥴을 진행한다. 당일 미션이 해결되지 않으면 시간은 길어지길 각오해야 한다. 회의실 의자와 탁자도 오래 앉을 수 있는 제품으로 구성하였다. 가끔 미팅자리에 와서 숙제를 시작하려는 사람이 있는데 그건 원칙적으로 다른 기획멤버에게 폐가 되는 일임을 주지시키기도 했다.

세 번째는 수요기업을 참석시켜서 사전에 연구개발자와 수요기업 담당자 간에 사전 조율을 하도록 하는 것이었다. 이 원칙은 지켜지기 쉽지 않지만 가장 핵심이다. 수요기업 의견수렴 없이 기술기획을 하게 되면 나중에 뒤엎게 되는 경우가 생기기도 하였다. 예를 들어서 어떤 쪽으로 간다고 기획방향을 정하면 대체로 기획이 하나만 있는 게 아니고 항상 1안, 2안이 있다. 여러 안을 두고 회의를 하다보면 좋아 보이긴 해도 이 방향이 맞는지 수요처에 맞지 않는 기획은 아닌지 확인하기 어렵다.

그래서 임원들이 중요하고 이 부분은 회사 전략과 관계되기 때문에 정리가 필요하다. 임원들과의 네트워크가 있어야만 한 영역이다. 기술기획 시 방향 선택의 기로 시에는 담당 임원들에게 꼭 확인해야 한다. 그것은 기술 우선순위라기보다 선택이기 때문에 기획멤버가 답변하기 곤란한 영역이다.

우리나라는 토론과 논쟁을 구분을 못 하는 경우가 있는데, 토론으로 대화를 차근히 풀어가서 전체가 납득하게 만드는 시간이 필요했다. 특별히 어떤 리더가 "나를 따르라" 하는 식의 기획은 하지 않았고 하다보면 나중에 당연히 리더가 생기게 되었다.

연구개발 회의를 하면서 정말 어렵게 느꼈던 건 기획 능력을 키우는 것이었다. 그 다음으로 어려웠던 건 소통하는 것이었다. 무엇보다 현실에 맞는 연구기획을 하는 게 말처럼 쉬운 일이 아니었다. 정부의 산업 정책이 연구자들이 기획하는 것과 거리가 있으면 미리 그들에게 정부의 정책 방향에 대해서 충분히 설명하는 것들이 중요했다. 그리고 공무원들한테 연구하는 사람들의 얘기를 그대로 전하면 못 알아 듣는다.

한 가지 예로 YS정부 때에 YS가 다른 사람의 설명은 전부 못 알아들어도 경제부총리(한이헌)의 설명은 알아들었단다. 한 부총리는 비유를 들어 설명하는 능력이 탁월했다고 한다. 실력이나 설명이 뛰어났다기 보다는 YS의 눈높이에 맞추어 설명했기 때문이다.

그런 일화를 새겨듣고 기술적 이슈를 가급적 기술행정 이슈로 바꾸어 설명하고자 노력했었다. 나노 전문가들은 못한 것을 필자가 설명하여 이해시키는 경우도 있었다. 나는 그런 역할을 했다. 이건 뭐가 있고 저것은 뭐가 있으며 또 트렌드로 봐서 이러저러해야 맞다고 설명하기도 했고, 또는 LG 혹은 삼성 등 수요기업의 의견을 파악해서 얘기해주고 그렇게 했던 것들이 담당에게 받아들여지기도 하였다. 그래서 기획은 전문가에서 출발하지만 결국은 토론과 논쟁을 구분해서 서로 상처 안 나게 했다. 시간이 흐르면서 정착하게 되었고 어찌 보면 집단지성과 비슷한 개념이었고 '스트라이크 삼진아웃제'는 과한 면이 있었지만 다른 동료기획자를 보호하는 일이기도 해서 꾸준히 했다. 이는 나노조합의 룰로 자리잡게 되어 갔고 기술기획도 단기간 내 집중할 수 있게 되었다.

나노조합이 하면 다르다. 한상록이 하면 다르다

필자는 재능이 남다르거나 언변이 뛰어나지도 않은, 그야말로 평범한 소양을 지녔다. 장점이 있다면 사람 만나기를 좋아하고 공동의 이익을 추구하는데 관심이 남들보다 많은 편이라고 스스로 생각하여 왔다. 그러니 앞에 서서 "저를 믿으시고 따라 오세요!"라는 스타일과는 거리가 멀었다. 덧붙인다면 한 분야에 관심 있고 해야 하는 일이라면 몰아쳐가는 열정과 집중력은 제법 있다고 평가를 들어왔었다. 다시 말해 재능이 뛰어나서 나만의 실력으로 독주한 플레이어가 아니었다.

잘 모르는 분야라 할 지라도 전문가들은 내 궁금증과 질문에 대해 친절히 답변해주었다. 그리고 그때그때 전문가들을 모아서 얘기하고 도움받고 참석한 전문가들도 다른 이의 견해를 듣는 즐거움을 주기 위해 판을 벌리곤 했다. 필자가 중요하게 생각하고 일상생활에서 시간을 많이 쓰는 분야를 분석해보니 사람과 사람을 연결하고 회사와 회사를 연결하는 데 편중되어 있었다.

필자는 연결과 집단지성의 힘을 믿기로 하였다. 그래서 사람들이 모일 수 있는 역할에 집중해왔다. 경우에 따라서 촉매랄까?, 불쏘시개랄까? 그런 역할들을 해온 것이 하나하나 점을 찍었고 그것이 나중에 흔히 말하는 선이 되었다.

그처럼 조금은 어설프고 띄엄띄엄 가는 것 같지만, 속도와 직선을 중시하는 것만이 효율성을 담보하는 것은 아니라고 생각해왔고 파급효과와 메아리가 점점 커지는 인간 클러스터를 지향하여 왔다. 특히 현장에서 한 발 한 발 다지면서 함께하니 서서히 소재기업이 움직였고 수요기업이 맞는 방향이라며 고개를 끄덕여 주었다.

그런 낯설고 더딘 접근 방식은 창립 당시 24개 회원사가 어느덧 118개사가 참여하는 선 굵은 조직으로 성장할 수 있었다. 또한 나노코리아 전시회에 참여하는 기업이 350여개사, T⁺2B 기업이 200여개사로 확장되어 갔다. 그러는 중간에도 회원사는 일부는 빠지고 일부는 신규가입을 반복했고 그 과정에서 많은 일들이 생기기도 하고 사라지기도 했다. 비록 비틀거릴 때도 있었고 우회한 적도 있었지만 전체적으로는 그때그때 하나씩 사건, 일, 이벤트 등 점을 찍고 온 것이다. 그것이 내 나노인생의 방향이었고, 점이었고, 그것이 모여 선명한 선으로 남게 되었다.

術法勢

지난 20년간 해온 일을 종합하고 분석해보는 기회가 있었다. 이를 축약하면 術 · 法 · 勢라 할 수 있다.

術은 나노기술이고 또한 사업화하는 방법론이다.

法은 나노기술에 대한 시대적 사명이고 논리와 명분의 부합성이다.

勢는 나노기술 사업화에 대한 열광적인 전문가, 기업 그리고 일반 국민의 호응도이다. 호응도가 세력으로 결집되어야 새로운 트렌드 또는 기술 사업화 분야의 뉴노멀을 형성하게 된다.

이러한 술/법/세의 구상과 추진에 성공도 있었고 실패사례도 있었다.

성공사례 중 괄목할 만한 것으로 나노기술 발전의 제도와(법, 전략) 사업의 저변 확대(나노코리아, T+2B, 수요연계 제품화 개발)에 있고 나노기업수 800여개에 순매출이 12조 이상인 것 등이다.

나노조합측면에서 미완인 것은 미래먹거리인 신사업분야 발굴을 완성하지 못했다는 것이다. 나노조합에서는 포스트 한상록을 대비하는 신사업분야를 설정하기 위해 20년 5월부터 12월까지 차/과장을 중심으로 브레인 스토밍을 해왔다. 지속해야 할 것과 덜어내야 할 것까지 어느 정도 합의를 이루고 나니 11월이 되어 버렸다. 그 다음 단계로 나아가야 하는 스케쥴이 있었는데, 아쉽게도 지속되지 못했다. 이제 그 일은 남은 이들의 몫이라 생각한다.

나노코리아, 집단지성이 도달한 아름다운 결실

모두가 처음 하는 일이라 뭔가 낯설고 손에 익지는 않았지만 나노기술 산업화의 첫 시작은 그리 나쁘지 않았다. 조합은 산자부의 15대 전략지원단공모 중 4개시범지원단에 선정돼 산학연이 함께하는 공동 R&D 연구과제도 수행하고 연구개발성과를 홍보하고 수요자를 찾기 위한 장으로서 다양한 기술성과 교류회와 수요기업을 찾는 데 매진했다. 그러면서 차츰 나노기술이 우리나라 산업 발전을 위한 신성장동력의 핵심기반기술로서 정부에서도 인식하게 되면서 국가 R&D 예산의 확대 및 대형 인프라 구축도 이루어지면서 전략적으로 육성 지원할 수 있는 토대가 차츰 마련되고 있었다.

문제는 '이렇게 좋은 기술인데 얼마나 좋은지 말할 수도 없는' 벙어리 냉가슴 앓는 상황이 업계에서 벌어지고 있었다는 것이다. 무엇보다 연구주체 간 기술협력 및 연구성과의 실용화를 어떻게 해야 하는 것인지 구체적인 방안을 찾는 장이 만들어지지 않았다. 아울러 연구개발 성과물의 실용화와 상업화를 위한 효과적인 매커니즘이 확립되지 못해 연구결과의 사업화 연계 및 경제적 활용 미흡의 결과를 초래할 우려가 야기되고 있었다.

또한 정기적이고 지속적인 국내외 산학연, 정관계자들의 기술교류 및 정보유통, 정책수립 등을 위한 자리를 마련하고 나노기술 연구개발 및 사업화 활성화를 위한 기반을 구축하기 위한 체계를 마련할 필요가 대두되고 있었다.

전 세계에 미래기술로 각광을 받던 나노기술은 선두주자인 미국과 일본의 연구발전방향에 따라 각각의 서로 다른 방향으로 산업계가 변하고 있었다. 먼저 미국은 나노의 기술력에 집중해 학계와 연구가들의 연구과제를 중심으로 한 심포지엄으로 발전했고 전시는 부대행사에 그치는 정도였다. 반면 일본은 제조강국으로서의 면모를 유감없이 발휘해 초기에 파나소닉, 소니, 히다찌 등의 대기업들이 분야별로 자회사와 스핀오프 회사를 많이 만들어 왕성한 활동을 하고 있었다. 일본은 나노소재개발자나 기업과 대기업이 정보와 기술 교류의 장으로 전시회를 적극적으로 활용하는 상황이었다.

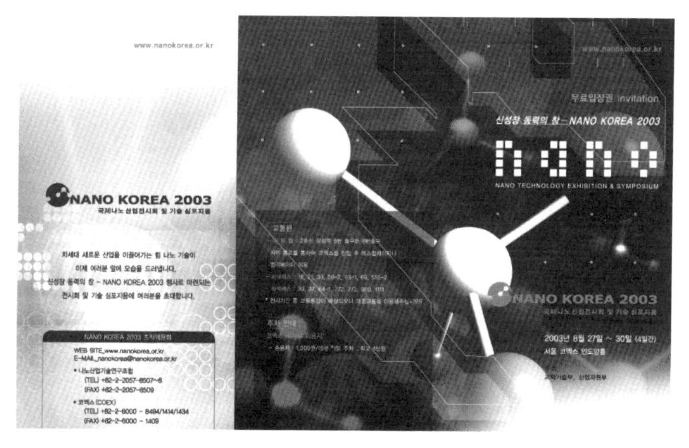

나노코리아 처음 안내장

한국은 시작은 미국에서 건넨 나노종합기술리포트로 출발했지만 이웃나라 일본의 동향도 무시할 수는 없었다. 무엇보다 연구개발과 성과물 전시는 양날의 검처럼 두루 활용할 필요가 있다고 생각했다. 또한 전시회를 중심으로 우리가 잘하는 반도체와 디스플레이 중심의 부품과 소재를 해외로 홍보마케팅할 장으로 활용할 수 있겠다는 야심도 숨기지 않았다. 특별히 이 지면을 빌어 초기 실무자 미팅부터 오너의 의사결정까지 적극적인 커뮤니케이션과 국내, 해외 출품에 협조를 아끼지 않았던 LG와 삼성의 관계자 분들께 감사의 말씀을 드린다.

물론 기초부터 탄탄히 하자면 연구자들이 먼저 거래를 하고 연구기술을 구매하는 것이나 관련법 등을 제정하는 등 복잡하게 해야 할 일들이 많았다. 이런 것들은 마땅히 가야 할 길이고 성급히 갈 수도 없는 길이었다. 그래서 우선 비즈니스를 촉진하기 위해 분위기를 띄워보자고 했다. 정부 입장에서는 나노기술지원 대책을 어떻게 할 것인가, 또 실증적 체계를 어떻게 세울 것인가 하는 문제 등이 현실과제였을 것이다. 이때 내가 구상했던 것은 연구개발성과를 놓고 피드백을 시키면 자세히 과정과 성과를 알 수 있을 것 같아서 나노연구성과와 정부평가를 연결시키고 싶었다. 정부의 R&D 과제를 연계하는 평가제도를 접목해보고 싶었는데 처음에 될 듯 하다가 안 됐다. 내가 너무 큰 그림을 그렸던 것이다.

학연은 산업계의 수요를 접목해서 실용적 연구를 먼저 해야 할 것이 아닌가? 연구자들의 특징은 굉장히 자유분방하고 자기가 하고 싶은 대로 하는 것이 본래 창의적인 거지만, 이것을 그대로 산업계에서 갖다 쓸 수는 없는 것이다. 말하자면 기업에서 필요한 기술, 사실 R&D도 국적이 있어야 하는데, 이 사람들은 국적이 없었다. 연구성과마다 기업들이 기술거래를 하려면 "어디와 해야 되겠느냐?" 그래서 공동연구개발하는 것도 하자고 해서 산학협력이란 이름으로 했었다. 산업에서는 특히, 시대가 바뀌었는데 기존 제품에서 경쟁력을 확보하려고 하면, 성장동력이 필요했다. 언뜻 생각하면 최신 선도기술은 대기업이 먼저 적용할 것 같지만, 실상은 그렇지 않다. 작은 시장과 역동성 있는 시장은 중소기업이 먼저 가고 대기업이 관심을 가지면 중소기업 기술을 대기업에 연결시켜 주는 것이다. 이것을 대기업이 관심을 가져서 서로 협력하라고 해서, 중소/중견기업이 연구할 수 있도록 중견기업 이하를 대상으로 했다. 그리고 전시회가 좀 더 활성화되면 제품 거래나 투자 유치, 판로 개척 등은 장기적인 비전으로 세워서 전략적으로 추진하고자 했다.

그 당시, 산업부 나노산업발전전략과 범 정부적 나노종합발전계획을 수립하였다. 특별히 기억나는 학연산의 젊은 학자, C모 교수, 전품연의 J 박사, 산업계의 S 박사, 젊은 사람들이 고생을 많이 했다. 그들은 20년이 지난 지금도 중추적인 역할을 해 오고 있다. 당시 만든 기틀을 기본으로 지금도 종합발전계획은 5년마다 새로 기획되고 있다. 사실 모든 기관과 전문가가 다 참여해서 계획이 수립됐다. 최종 정리는 그들 몫이기도 했다. 그 당시에 산업부와 과기부 과장들이 나노조합에 의지하는 경우가 많았다. 이희국 이사장이 다른 사람들을 아울러서 추진방침이 정해지면 필자는 여기저기 프로모션만 하면 됐었다. 그때는 몸이 상하는 줄도 모르고 정신없이 뛰어다니다 보니까 시간가는 줄 모르게 하루하루가 감동적인 날들이었다. 몸은 바빠도 도와달라면 도와주고 아이디어도 많이 주기도 해서 '최선'을 다해서 정성스럽게 일했다.

그래서 월화수목금금금이라는 얘기가 거기서 나온 것이다. 아침 7시에 출근해서 저녁 12시에 퇴근하고, 그때 고생을 많이 했는데 그래도 사람들이 다들 도와줬다. 개인적으로는 황우석 박사보다 열심히 한 것 같기도 하다. 나노소사이어티의 구성원들은 그렇게 의기투합했고 집단지성이 있었고, 공무원들은 소명의식이 있었다. 심포지엄과 전시, 이 두 개를 모으려고, 우리나라의 과학관련 기관과 산업관련 기관의 주요기관들을 샅샅이 훑으며 모을 수 있는 기관들은 다 모았다. 이 멤버들을 움직이게 되면서 정부부처, 주관기관, 코트라, 킨텍스 등, 전담기관이 대부분 참여하였다. 지금도 양 부처 역대 과장/사무관들이 적극 지원해주어 감사하다. 그토록 오래 그리고 지속적으로 지원해준 대표적인 사례가 나노기술분야이고 양 부처인 점은 내게 큰 행운으로 간직하여 오고 있다. 그래서 도도한 강물이 되었고 나노코리아가 쉬임 없는 큰 물로 이어질 수 있었다.

산업부와 과기부, 나노조합과 나노협의회가 함께 일군 빛나는 씨앗

나노코리아를 준비하면서 우리나라는 부족사회나 씨족사회 같다는 생각을 많이 했다. 왜냐면 당시엔 일을 제대로 진행하려면 어디 소속이냐?가 중요했기 때문이다. 예를 들어서 출현기관이 과기부 소속이냐 산업부 소속이냐에 따라서 다르다. 과기부가 주최하는 전시회에는 산업부가 안 나가는데, 왜냐면 나오고 싶어도 돈 나오는 횟수가 정해져 있기 때문이다. 그러니까 양 부처가 공동으로 주최하니까 따지지 않아도 되는 것이다. 전시에 나가고 싶은 참가자들이 고민하고 나가야 되나 말아야 되나 할 필요가 없도록 아예 산업부와 과기부 통합구조로 간 것이다.

나노코리아는 심포지엄과 전시라는 두 축으로 운영된다. 정부 돈을 받아서 하는 심포지엄이 한 축이고, 다른 한 축은 정부 지원도 받으면서 출품자들이 돈을 내서 운영하는 전시가 한 축이었다. 정부에서 할 때는 가장 잘하는 방식으로 제도를 만들고, 전문가들을 만나서 종합계획을 만들고 거기에서 파생되는 일들을 만든 것이다. 그런데 그 다음에 그렇게 가다보니까 몇 가지 문제가 생겼다. 하나는 플레이어들, 즉 학교, 연구소들이 출품 시에 고려하는 것이 따로 있었다. 그것은 출품 시의 정부의 반응, 즉 시그널에 대해서 굉장히 중요하게 생각한다는 것이다. 그런데 여기 보니까 산업부, 과기부가 공동으로 주최를 한다. 그러니까 두 부처에 눈치 볼 필요가 없다. 그 다음에 실제적으로 주먹이 먼저냐, 법이 먼저냐 하면, 정부가 말하는 건 법이고 평가원은 주먹이다. 무슨 얘기냐 하면, 당장 과제에 대해서 평가를 하면, 그 평가원들은 연구재단, 과학기술 히스텍, 산업기술평가원, 산업기술진흥원 등 양쪽 부처에서 다 오고, 해외망은 코트라 이런 곳에서 다 모여서 밀어주자고 하게 되는 것이다. 분위기를 띄우고 조직을 발표를 하고 나노종합발전계획 같은 것도 몇년 사업을 어떻게 하겠다 하고 주도면밀하게 진행하니까 주식이 좀 출렁거리기도 했다. 그렇게 진행을 해서 나노코리아가 열려고 70여개 심포지엄을 다 모으고 축소해서 이름하여 One-Stop 서비스를 지향했다. 전시회와 기술발표(심포지엄)을 한자리에 모이게 하는 발표와 교류의 장이다.

나노코리아를 열기 위해 먼저 했던 국내 사례를 참고하면서 맴스 사례를 반면교사로 삼았다. 맴스는 1990년대부터 200년대까지 마이크로일렉트로닉스 시스템이라는 미세가공기술 사업이 한창 성행했었는데 나노처럼 현장기술이었기 때문에 산업부 주도로 갔었다. 연간 100억씩 해서 10년을 진행했는데 굉장히 규모가 컸다. 그 사업이 내가 들어올 때 보니까, 연구자들은 훌륭하지만 산업적으로 보면 기업이 별로 없었다. 그래서 왜 그런가 봤더니 전시회가 없었던 것이다. 전시회가 없으니까 기술 거래라든가 상업화 쪽이 안 된 것이다. 그때 그걸 보고 안 되겠다 싶어서, 반면교사 삼아, 맴스처럼 되지 말자고 생각하고 나노코리아를 꼭 해야겠다고 생각을 했었다. 그때 내가 하도 여기저기 설치고 다니니까, 다들 뭔지는 모르지만 한번 해봐라고 했다. 그때 2002년에 하려고 했는데 너무 준비가 안 되서 결국, 못했다.

그때 내가 하고자 했던 나노코리아의 구상은 온 나라가 떠들썩하게 한번 제대로 해보자 였다. 나노강국으로 가보자 해서 공동계획을 했던 것이고, 그때 키워드는 의기투합이었다. 그리고 핵심성장동력을 만들자, 21세기 성장동력이다, 라고 했었다. 그리고 반면교사로 했던 게 나노코리아 전시회였다. 첫째는 양 부처를 서포트 하는 조직에 사무국이 있다. 사무국은 두 개인데 사무국장은 한명이었다. 그러니까, 일관성 있고 신속하게 진행되고 의사 전달과정에서 사무국이 다르면 자기입장이 있는데, 나는 서로 이해를 시키는 쪽으로 갔었다.

나노코리아는 2003년에 과학기술부와 산업자원부가 공동으로 〈국제나노기술심포지엄 및 나노융합전시회〉를 개최하면서 시작돼 국내외 나노기술의 정보교류 및 기술산업화 촉진의 수단으로 큰 역할을 감당했다. 앞서 살펴본 대로 '나노'라는 공통분모를 가진 학자와 기술자, 기업인, 연구개발자가 한마음 한뜻을 보태 만든 대회이다 보니 다양한 나노인들의 간절한 바람이 그대로 사업 성과로 나타난 보기 드문 한국형 산업발전 사례로 남았다. 나노코리아 개최를 통해 나노기술 기반의 산업화를 활성화

나노코리아 전시회 이모저모

하고 연구 및 산업 주체 간의 최신 정보교류와 협력을 통한 나노기술에 대한 성과 확산 및 경제성 제고에 기여했으며 나노기술 상용화를 위한 원스톱 프로세스를 마련-수요와 공급 목적에 부합하는 비즈니스 환경 조성에도 큰 몫을 담당했다.

나노코리아의 역할은 산업계에는 최신 나노기술을 기존제품에 적용하여 기업 경쟁력 확보, 특히 중소기업에 대해 대기업 연계, R&BD 등 비즈니스 모델을 제시하고 제품 거래, 투자 유치, 해외 판로 개척, 국제협력을 위한 기회를 제공하는 등 막대한 성과를 낳게 되었다.

또한 학/연에는 연구성과와 산업계의 수요를 접목하여 실용적 연구개발 촉진. 연구성과물에 대한 기업과의 기술거래와 공동연구개발의 기회를 확보하는 데 결정적인 구심체가 되었다.

정부도 나노분야 지원정책의 효율성 제고 및 실증적 피드백 체계를 구축하는데 나노코리아가 실질적인 역할을 담당해 주었다.

코엑스에서 킨텍스로, 목적한 바를 전시하다

일본의 경영철학자 미야타 야하치로는《독자적인 경영과 이노베이션》이란 책에서 "우수한 경영자는 장사를 위한 장사를 하지 않는다. 인생과 사업에 대한 자신만의 명확한 관점을 가지고 비즈니스에 대한 통찰력으로 카리스마를 발휘한다. 그들의 관심사는 경제, 사회, 개발과 마케팅, 재무, 예술, 정치, 경제영역까지 폭 넓고 깊다. 인생을 즐기면서 동시에 사업경영을 즐긴다. 그러한 자세가 고객과 직원, 사회에 대한 설득력으로 변하여 사업 성장과 고수익으로 전환된다. 이익은 그 결과로 인해 창출된 것이다"며 진정한 수익 창출은 고객과 사회에 대한 설득력에 있음을 강조했다.

나노코리아는 분명히 회원사의 니즈와 수요기업의 요구를 제대로 반영하기 위해 '나노세계 전반에 걸친 다양한 현장의 세계'를 전하는 나노고객을 위한 설득력을 펼치는 자리였다.

나노코리아 개최는 2002년부터 시작하려고 했는데 나노조합 이사회에서 '시기상조'라고 결론내려 이듬해 2003년부터 제1회가 시작되었다. 돌아보니 이사회의 결정은 현명한 판단이었고 치밀하게 준비하는 계기가 되었다. 그럼에도 제1회 전시회를 준비하다보니 필자도 주최 경험도 없고 내부 인력으로 전시전문가도 없어서 내 나름 협력파트너를 찾게 되었다. COEX, 전자신문, YTN과의 연합전선을 구성하고자 하였다.

바로 정부를 보증삼아 공동주관의 형태로 코엑스가 들어왔다. 전자신문은 홍보 및 취재분야, YTN은 과기부의 의견을 받아들여 홍보 쪽을 맡게 되었다. YTN의 역할이 전자신문과 중복되고 파급효과는 다소 미흡하였지만 한 번 해보기로 했다. YTN은 따로 속셈이 있었다고 보여진다. 나노조합에서는 회원사에게 출품 해달라고 협조를 요청하는 상황인데 거기에 더하여 광고 협찬을 요구하고 있다는 회원사의 항의를 받게 되었다. 처음부터 서로 마찰이 날 수밖에 없었다. 그래서 일 년 같이 하고서는 다음해부터 정중히 결별통보를 할 수밖에 없었다.

다음으로 전자신문은, 어떤 일을 부탁을 하고 나면, 그걸 기회로 사업을 해서 완장을 차려고 해서 마찰이 생겼다. 그래서 코엑스에서 2회를 했고 3회째 할 때에 전자신문이 들어와서 지분을 요구를 했다. 그때에는 아무런 수익이 없고 적자를 내는 때도 많았는데, 김치국 먼저 마시자는 격이었다, 그래도 수용하기로 했다. 나노조합의 제안은 나노조합 40% 전자신문 30%, 코엑스 30%으로 지분 배분을 하자고 제안했는데, 뜻밖에도 코엑스로부터 거절당했다. 코엑스는 이미 전시장을 빌려주는 대관료로 수입을 충분히 챙기고 있었는데……. 참 당혹스러웠다. 그 얘기는 자기들이 이 사업을 가져가겠다는 의미였다. 그래서 계속 얘길 해도 합의를 찾기 어려웠다. 진퇴양난의 상황이 될 것 같았다. 코엑스가 우리나라의 전시산업에 중추적인 역할을 하고 있지만 한편으로 보면, 우리 같은 단체들을 키워서 자기 잇속을 채우는 식의 운영을 하고 있었다. 궁극적으로는 코엑스 사업화하고 협단체는 명의만 내세우는 경우가 많다는 사실과 함께 협단체의 전시회를 코엑스로 내재화하여 오고 있으며 이는 전시사업 발전을 못한 것도 하나의 원인이 되고 있다는 사실까지도 파악이 되었다. 어쨌든, 나노조합 입장에서 최선이고 합리적으로 제안을 했지만 전혀 먹혀들어가지 않았다. 전자신문은 강하게 요구해 왔고 도저히 힘들어서 못 하겠다는 생각이 들었다. 전자신문에 어떻게 대응할 지도 문제였고 코엑스에도 뾰족한 대응방안이 없었다. 극단적인 결별을 생각하지 않을 수 없었다. 대안은 킨텍스였다. 당시 킨텍스 전시회는 성공사례가 그리 많지 않아서 필자의 직을 걸어야만 하는 도박 수준이었다. 그럼에도 요지부동인 코엑스에 대응하기 위해 준비에 들어갔다. 우선 산업부에 보고하고 과기부에도 보고하여 여차하면 킨텍스로 옮기는 방안을 긍정적으로 회신을 받았다. 다음은 이사장 보고와 이사회 심의와 의결절차에 들어갔다. 한편 우리의 시나리오까지 알려주고 또한 코엑스에 이렇게 하면 안 된다고 시그널을 주면서 계속 내부회의를 하고 시안을 주고, "시안을 보고, 언제까지 해달라!, 우리는 진행이 이렇게 되간다!" 하고 최후통첩식 제시를 해오면서 수위를 높여갔다.

결국 파국이 다가왔다. 마지막에는 "이사회 한다"고 마지막 통보를 하러 갔다. 당시 코엑스로선 내 말을 안 믿은 건지 아니면 민간의 의사결정은 항상 번복할 수 있다고 생각한 건지는 모르겠지만 더 이상 코엑스에 끌려가서는 제대로 대회를 치르기가 힘들 것 같다는 부정적인 판단이 앞섰다.

지금도 그러한 코엑스의 반응에 대해 미스터리이다. 감히 킨텍스로는 가지 못하고 코엑스에 항복하는 걸 기대했는 지도 모를 일이다. 또한 킨텍스로 가서 전시회가 폭망하고 한상록이 퇴진하게 되면 코엑스는 저절로 나노전시회를 주관하게 될 것이라는 전망을 한지도 모른다. 참으로 미스터리로 남았다.

위와 같은 가정을 하는 단서가 되는 사례를 들어보자.

처음에 나노코리아를 코엑스에서 킨텍스로 장소를 옮긴다고 하니까 코엑스측은 비웃었다. 가당치 않다는 것이었다. 나는 도저히 묵과할 수 없었고 기관으로서의 존재감 없이 코엑스에 예속적으로 하려면 의미가 없지 않느냐라는 생각이 들었다. 나는 그때 승부사로서의 기질을 발휘했다. 수많은 경우의 수와 위험 그리고 장기전망 등의 득실을 계산해보니 배팅 해볼만 했다. 그 결과 과감히 코엑스와 이별하고 킨텍스를 선택했다.

나노코리아 개최지를 킨텍스로 옮긴다고 하니까 코엑스에서 소송을 하겠다고 해서 한참 시끄러웠다. 그래서 필자는 이희국 이사장께 보고드렸다. "코엑스에서 소송한다고 합니다"라고 보고하니까, "소송? 할 수 없구만. 법무팀이 준비해야지" 했다. LG하고 공조로 "그렇게 하려면 해라. 대신에 민간단체를 그렇게 당신들 마음대로 하려고 했다가 어떤 결과를 초래할 지는 당신들이 알아서 판단하라"고 전했다. 내가 진짜 가려고 킨텍스하고 협의하고 막판에 하도 강경하게 나오니까, 코엑스에서 없던 일로 하자는 제안이 왔다. 즉 모든 지분을 포기할 테니 코엑스에 남아서 나노코리아를 개최해달라는 것이었다. 참으로 허탈했다. 그처럼 득달같이 나노코리아를 꿰차겠다는 의지를 순식간에 뒤엎는 그들의 행태를 보면서 '정말 공공기관이 맞나?'라는 생각이 들었다.

코엑스하고 킨텍스의 차이는 참관객의 차이이다, 킨텍스에서 하면 참관객의 수가 확 떨어지는 것이다. 그래서 한 2년 하고나서 그 뒤에는 왔다갔다 했다. 특히, 코엑스와 킨텍스의 문제점은, 킨텍스는 고양일산까지 가는 것이 되게 멀다고 생각들을 한다. 차가 밀려봐야 한 시간, 두 시간인데, 그렇게 인식들을 한다. 그리고 코엑스의 단점은 주최자들이 정작 하여야 할 출품자에 대한 서비스를 총괄지원하지 못하는 단점이 크다. 서울 시내에 있다 보니까, 이 사람 저 사람이 "시간 되네, 나 좀 봤는데, 안내 좀 해 주세요" 해서 도저히 일을 못 하겠다고 하소연을 할 정도였다. 특히, 정부부처나 전담기관, 전임자, 파견자, 또는 지나가는 자 등 부지기수로 몰려온다. 이도 참관객의 숫자로 들어가지만, 프리패스를 좋아하는 이들이라 숫자에 카운트되지도 않는다. 느닷없이 불쑥 와서 "남문에 왔다" "혹은 북문에 있다"고 하면, 그 사람들 얼굴도 모르고 직원들에게 안내 부탁도 그렇고, 정신없이 주최자인 내가 직접 안내하러 가는 일들이 현장에서 벌어진다. 지금까지 18회 동안 코엑스 5회 킨텍스 13회를 개최하여 오고 있다. 코엑스는 누가 뭐래도 접근성과 주변시설이 최고이다. 그래서 국내외 출품자들이 너나 할 것 없이 코엑스 개최를 원한다 심각한 문제는 심포지엄 쪽에 있다. 나노코리아 심포지엄은 강의실이 많아야 되는데 코엑스는 국제행사가 많아서 갑자기 국제행사가 잡히면 일정이 확 날라가 버리곤 했다. 그런 일이 좀 있어서 그걸 감수하고 할 거냐고 고민했는데, 내부적으로 그렇게는 안 된다는 결론이 나서 코엑스에서 킨텍스로 했다. 2011년경에는 나노협의회와 나노조합으로 사무국이 두 개로 분리됐고 나노기술협의회에도 사무국장이 생겼다.

나노기술연구협의회의 심포지엄을 하는데. 그때부터 좀 더 치밀한 협의과정이 필요했다. 그래서 다시 3년을 코엑스에서 하다가 다시 킨텍스

나노코리아 해외전문가 관람하는 국제전시회

나노코리아 전문세미나 및 워크숍

나노코리아 VIP 테크니컬 투어

로 갔다. 국내 전시장은 누가 뭐래도 공급자 시장이다. 대부분 국제전시회는 통상적으로 1~2년 전에 개최장소와 일자가 정해진다. 정해진 시간, 정해진 날짜에 하는 게 최상이다. 나노코리아는 7월 첫째 주 또는 둘째 주로 진행되어왔다. 구체적으로 정해 놓아야 하는데, 최소한 일년 전에 정해야 프로라는 소리를 듣는다. 그리고 일자는 공급자의 전시장 배치계획에 따라 편의적으로 6월에 하다가 8월에 배정하면 큰 소동이 나게 된다. 사실 국제 전시회는 국력과 참여자에 의해 일자가 정해지는 경우가 많다. 즉 각국의 주최자들이 개최시기를 안배하고 있는 것이다, 나노전시회들은 우리나라만 하는 것이 아니고 세계적으로 다들 하고 있다. 예를 들어, 일본이 1월이나 2월에 하는데, 시기가 가까우면 안 되다 보니, 거기에 맞춰서 우리나라가 6개월 간격을 두고 전시를 하는 것이다. 미국은 5월, 중국은 10월 이런 식으로 각 나라마다 전시회 개최의 간격을 두었다.

코엑스에서 킨텍스로 옮길 때에는 서로 사전 교섭과 합의를 통해 5년 장기계약으로 정해진 기간에 하기로 하고 코엑스로 옮겨 갔다.

나노코리아로 얻은 성과

나노코리아를 통해서 얻은 성과는 정말 말로는 다할 수 없을 만큼 관련업계에는 대단한 자양분이 됐다고 본다. 우리가 전시회를 개최를 하면 후속으로 '성과추적조사' 이런 것은 잘 하지는 않는다. 20년 전, 초창기에 '제이오'라는 회사가 있는데, 나노코리아에 1회부터 지금까지 참여한 회사다. 나노가 신소재이기 때문에 상용화 되려면 한 20년이 걸린다. 드디어 한 20년 동안 소재를 개발을 하면서 나노코리아를 통해서 "이게 왜 산업적으로 당장 가져다가 쓸 수 없는지"에 대한 피드백을 받고, 이 소재에 대해서 관심 있는 사람들에 대해서 나노코리아에서 발굴을 해서 20년의 시행착오를 겪으며 결국 성공가도를 걷게 됐다. 그런 과정을 거쳐서 채택이 된 하나의 소재가 산업으로 들어가게 되고, 그 사용되는 분야가 크면 클수록 매출이 많이 발생한다. 이 회사가 CNT라는 소재를 20년 동안 해왔다. 최근에 이슈가 되고 있는 전기차의 배터리가 중요한데, 배터리의 성능을 좌우하는 것은 빠른 시간 내에 충전이 잘 되어야 한다. 그러려면 충방전이 빠른 소재 채택이 필수적이다. 또한 내구성이 있게 하려면 소재가 바뀌어야 한다. 제이오라는 회사가 배터리의 충방전을 원활하게 하는 소재를 개발하는 회사이고 배터리의 소재에 CNT를 집어넣는 것을 하고 있다. 최근 2, 3년 동안 본격적으로 논의가 돼서 지금 공장을 세워서 거의 상용화 직전까지 가게 되면 굉장한 파급이 있을 것 같다.

또 초창기 때부터 함께했던 '석경에이티'라는 회사도 나노코리아의 단골손님이다. 최근에는 코스닥에 상장도 했는데, 그 회사는 세라믹을 나노화시킬 수 있는 기술을 가지고 있다.

성장세가 무서운 회사 중 아모그린텍과 엔트리움이 있다, 아모그린택은 나노소재부품기업이다. 2020년 1천억 이상의 매출을 달성했다. 해당사의 송 대표는 "장비업체에서 1천억 2천억 기업은 무지 많아요"라고 너스레를 떤다. 과연 그럴까? 속으로 필자는 소재부품기업의 1천억 매출은 장비업체 1조 매출보다 더 알차고 전후방 효과도 큰데……. 라고 맞받는다. 그럼 송 대표는 빙그레 웃고 만다. 소재부품분야에서 1천억을 달성했다는 건 이미 글로벌 시장 진출에 성공했다는 의미이고 그 분야에 강자임을 선언한 것이라고 생각할 수 있는 것이다.

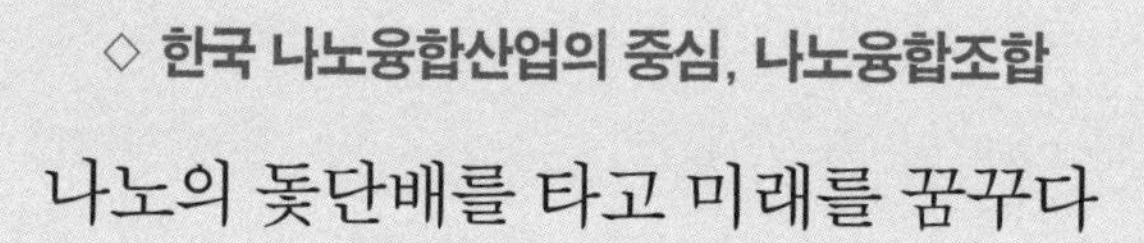

◇ 한국 나노융합산업의 중심, 나노융합조합

나노의 돛단배를 타고 미래를 꿈꾸다

(주) 아모그린텍 대표이사 송용설

2007년 어느 날, 대학교수인 친구의 전화를 받았다. R&D 공동연구개발 사업을 함께 해보자는 것이었다. 지금도 그렇듯이 기업은 미래 먹거리 준비에 언제나 민감할 수밖에 없다. 친구는 인쇄전자산업의 미래 가능성을 열심히 설명하였다. 회사가 개발하고 있던 나노입자의 응용분야로써 『다이렉트 패터닝용 도전성 나노잉크』를 개발하자는 것이었다. 이것이 나노융합산업연구조합과(이하 '나노연구조합'이라 한다)의 인연의 시작이었다. 이 사업을 준비하기 위해 사업을 총괄주관하는 나노연구조합을 찾았다. 양재동의 외진 곳에 있던 나노연구조합은 나에게는 대학, 연구소, 기업들을 연결하여 정부 R&D를 수행하는 기관 정도로 생각되었다. 그 당시 나노연구조합은 규모도 작았지만 기업들에게 인지도도 영향력도 그리 크지 않았던 기관으로 기억한다. 사실 당시는 '나노' 라는 단어가 일반인들에게는 매우 생소한 시절로써 당연히 "나노기술이 무엇인가?" 하는 질문을 받던 시절로 기억된다.

아모그린텍은 미래 산업사회가 되면 소재, 특별히 나노소재가 매우 중요한 역할을 하게 될 것이라는 믿음으로 2004년 세워진 나노 소재, 부품 전문 기업이다. 당시에는 나노자성소재 및 나노섬유 멤브레인소재를 중심으로 IT, 모바일, 에너지 관련 산업에서 필요로 하는 소재 및 부품을 개발하고 있었다. 대부분의 소재, 부품 회사들과 마찬가지로 열심히 개발한 기술들을 사업화하는 데 긴 시간이 소요된다는 것을 경험하고 있었고, 개발된 소재 및 부품을 판매하는데 많은 어려움을 겪고 있던 때로, 매출액이 연 70~80억 원 정도였다. 힘들었지만 미래에 대한 꿈으로 견딘 시기였다고 생각한다.

더디기만 한 나노기술의 사업화

정부 R&D 과제 수행과 더불어 2009년 초 나노연구조합에 가입하였다. 그러나 초기에는 R&D 과제 수행의 진도점검회의를 위해 나노연구조합을 방문한 것 외에는 특별히 기억나는 것이 없다. 기업 입장에서 나노연구조합은 단순히 정부 R&D 수행 시 필요한 기관 정도로 생각한 것 같다. 지금과 같이 나노기술의 사업화를 위한 정책 발굴 또는 T+2B 사업과 같은 나노기업의 매출 확대를 위한 협력사업 등은 전혀 생각할 수 없었던 것 같다. 개발된 기술을 사업화해야 하는 기업 입장에서 나노연구조합의 역할은 거의 없었던 것이다.

시간이 흐르며, 나노기술을 이용하여 하나 둘 새로운 제품이 개발되었다. 그러나 개발된 제품들을 매출로 연결시켜 성과를 창출하기가 쉽지 않았다. 많은 사람들이 이야기하던 '죽음의 계곡'이라는 단어가 저절로 생각났다. 다양한 시도와 고민을 통해 얻은 결론 중의 하나가 우리 제품을 사용해 줄 고객(회사)을 찾아야 한다는 것이었다.

한상록 사무국장과의 만남

우리의 기술과 제품을 알리고 고객들을 만날 수 있는 기회를 만들어야겠다고 생각하였다. 그리고 둘러보니 나노연구조합이 만들어 놓은 나노관련 전문전시회가 있었다. 바로 '나노코리아'였다. 나노코리아 참가를 결정하고 열심히 준비하여 2010년 나노코리아에 참가하였다. 돌아보면 이때부터 나노연구조합과의 친밀한 동행이 시작된 것으로 생각한다. 한상록 사무국장을 만났다. 그는 내가 생각한 것을 이미 느꼈던지 2003년부터 개발된 나노기술 및 제품을 널리 알리고 사업화를 위한 고객 발굴의 장으로써 나노코리아를 개최하고 있었다. 2003년이면 아마 나노기술도 미천했을 것이고 나노기업들의 면면도 보잘 것 없었을 텐데……. 어떻게 출품할 기업들을 모아 전시회를 운영할 수 있었을까 하는 생각조차 들었다. 항상 그렇듯이 믿음으로 희망을 실천에 옮겼으리라 생각해 본다. 한상록 사무국장은 나노코리아 개최의 의미 및 나노산업의 미래에 대해 열심히 설명하셨다. 결과적으로 우리 회사의 필요성과 한상록 사무국장의 권면이 더해져서 회사는 2010년 나노코리아 참가를 결정하게 되어 지금까지 매년 참가하고 있다. 그리고 자연스럽게 이듬해인 2011년부터는 지경을 넓혀 일본에서 열리는 '일본 나노텍'에도 참가하고 있다.

나노코리아, 일본 나노텍 전시회로부터 시작된 기술사업화

처음 2010년 나노코리아 전시회 참가는 우리의 기대와 바람과는 달리 그 결과를 보면, 회사가 그동안 개발하여 보유하고 있는 나노기술과 제품들을 홍보하는데 도움을 주기는 하였으나, 매출 관점에서의 실적은 그리 크지 못했다. 돌아보면 나노기술이나 나노제품이 일반인들에게는 물론 연구자들에게도 아직은 매우 낯선 것이었던 것 같다. 당시 회사는 나노 입자와 나노 섬유 및 그것들을 이용하여 제조한 인쇄 회로, 방투습 아웃도어 및 각종 나노필터와 같은 응용제품을 전시하였다. 우리 회사의 나노 소재 및 부품을 사용하여 반제품 또는 완성품을 제조하는 고객들을 만나게 될 것을 기대하며, 나노제품이 기존 제품과 비교하여 얼마나 우수한지를 열심히 홍보하였다. 그러나 우리는 전시회 기간 동안 거의 대부분의 시간을 "나노 입자를 어떻게 만드나요?", "나노섬유는 어떤 원리로 만드나요?" 하는 질문에 답하며 보냈던 것으로 기억한다.

나노기술과 제품을 많이 자랑했지만, 그것은 신기한 것일 뿐 영업도 매출도 잘 이루어지지 않았다. 돌아보면 고객들이 나노기술이나 나노제품을 아직은 선뜻 적용하기 어려웠던 때였다고 생각한다. 그 이후에도 회사는 꾸준히 지금까지 나노코리아와 일본 나노텍에 참가하고 있다. 마치 한상록 사무국장과 나노연구조합이 미래를 생각하며 먼저 한발을 내딛고 뚜벅뚜벅 걸어갔던 것처럼.

백문이 불여일견! T+2B시연장, 나노제품 사업화의 가속페달이 되다

아마도 나노제품을 제조하는 여러 기업들과 마찬가지로 나노연구조합도 당시 한계를 느끼고 있었던 것 같다. 위치적으로나 규모면으로나 열악한 사무실 환경에서 더 나은 결과를 기대하기 어려웠으리라. 아마도 매우 어렵고 힘든 과정이 있었으리라 생각이 들지만 드디어 나노연구조합은 지금의 위치인 수원의 광교 테크노밸리 내 '차세대융합기술원'으로 이전하게 된다. 서울이 아니라 수원 광교이지만 접근성도 괜찮고 경기도에서 건립한 단지로서 무엇보다도 규모나 환경이 매우 나아졌다.

그러나 내가 느끼는 가장 큰 변화는 이러한 외형적인 변화가 아니라 무엇보다도 나노연구조합의 역할 변화였다. 내 생각으로는 광교 이전을 기점으로 나노연구조합은 나노기업들의 중심이 되기 시작하였고 나노기업들의 성장을 위해 나노기술의 사업화를 가장 크게 생각하는 기관으로 변하였다. 기술의 사업화에 대한 나노연구조합의 관심은 나노기업들에게로 전달되었고, 나노기업들이 보다 효과적으로 기술 및 제품을 개발할 수 있는 여건 조성과 개발된 제품이 최종적으로 고객들에게 전달되어 사용될 수 있는 방안을 찾기 시작하였다.

자연스럽게 나노연구조합의 회원사들이 모이기 시작하였고 회원사가 늘어남은 물론 서로 만나는 빈도도 증가하기 시작하였다. 서로의 어려움을 이야기 하고 듣는 시간이 만들어졌고, 개발과 사업화의 실제적인 어려움이 무엇인지 조금씩 알게 되었다. 소재, 특별히 나노소재의 개발과 사업화에 얼마나 오랜 시간이 걸리는지 서로 이해하게 되었고, 개발된 나노제품을 가지고 어떻게 고객에게 다가갈 수 있는지 고민하기 시작하였다. 아마, 이때쯤 수원 광교 테크노밸리 내 위치한 나노연구조합에 'T+2B 상설시연장'이 만들어진 것 같다. 백문이 불여일견 이라고 했나 ? 나노 소재 및 부품을 사용하는 고객사들이 직접 전시된 기술 및 제품을 눈으로 확인할 수 있는 공간이 만들어진 것이다. 고객사와 공급사 간의 만남의 시간이 이루어졌고 자연히 협력의 기회도 실질적인 열매(매출)도 증가하게 되었다.

$T^{+}2B$ 4개 분과 80여개 기업의 동참을 불러온 한상록 사무국장의 열정

개인적으로는 이때부터 나노연구조합과 함께하는 시간이 늘어난 것 같다. 한상록 사무국장과 이야기하는 횟수가 늘어나면서 나노기업들이 처한 환경과 어려움을 알게 되었고, 나노연구조합이 하고자 하는 역할에 대해서도 조금씩 알게 되었다. 아직은 나노산업 시장도 크지 않은 상황에서 '대기업을 제외한 중소 나노기업들이 성장할 수 있는 방안이 무엇인가?'를 고민하게 되었다. 생각 끝에 일단은 나노산업시장의 규모가 커져야 한다는 결론에 도달하였고, 이런 관점에서 가장 중요한 것이 나노기업들간의 협력이라는 생각이 들었던 것 같다. 나노기업들이 함께할 수 있는 다양한 행사가 만들어졌고, 나노산업기술인 등산대회 등을 통하여 함께하는 시간이 늘어갔다. 그리고 나노기업들이 소속감을 갖고 정기적으로 모여 현안을 나누는 나노기업들의 모임인 3개의 $T^{+}2B$ 분과위원회가 만들어졌다(나중에 대전분과 추가됨). 나노연구조합 직원이 간사를 맡고 한 분과에 20개 정도의 나노기업이 정기적으로 모여 의견을 나누게 되었다.

순간의 선택이 일생을 좌우한다고 했나? 나는 나노기업들과 함께 나노산업의 미래를 열어가고자 노력하는 나노산업기술연구조합(2010년경 나노융합산업연구조합으로 바뀜)의 역할과 노력에 동참하게 되었고, 나노연구조합이 개최한 여러 모임에 적극적으로 참여하고 있으며, 현재는 $T^{+}2B$ 3분과위원장을 맡고 있다. 4명의 분과위원장들의 친밀도를 생각할 때면 저절로 입가에 미소가 지어진다. 나노연구조합의 발전과 더불어 '아모그린텍'도 성장하게 되었다. 나노소재부품 기반의 벤처기업으로 1,000억 이상 매출기업이 된 것이다(2020년 기준 1,114억 원). 나노연구조합은 물론 함께한 많은 나노기업들과 전문가들과의 만남을 통하여 글로벌 트랜드 및 미래산업사회의 변화에 대해 생각할 수 있게 되었고, 연구개발과 시장과의 관계를 보다 구체적으로 생각할 수 있는 계기가 되었다. 동병상련이랄까, 나노기업들이 만나 서로의 어려움에 대하여 이야기를 나누는 동안 문제 해결의 열쇠를 찾을 수 있는 기회를 가질 수 있었다. 물론 나노코리아와 일본 나노텍 참가를 통하여 시장의 변화와 경쟁자들의 활동들을 보게 되었고, 많은 협력 관계를 구축할 수 있는 계기가 되었다.

코스닥 상장과 4차 산업혁명 시대를 준비하며

아모그린텍은 나노소재를 기반으로 5G 통신, 전기차, 에너지저장장치, 차세대 IT분야의 핵심 소재 및 부품을 개발, 생산하고 있다. 다양한 나노소재 기술력을 대외적으로 인정받아 각 산업별 글로벌 메이저 고객사를 보유하게 되었고, 많은 분들의 도움으로 2019년 코스닥에 상장되었다. 나는 '상장기념식'에서 방명패에 "글로벌 경쟁력을 갖는 소재, 부품 전문기업이 되겠습니다"라고 적으며 새로운 다짐을 한 바 있다. 나노조합과 함께한 지난 14년은 아모그린텍에게는 행운의 시간이었다고 생각한다. 무엇보다도 나노융합산업의 성장과 아모그린텍의 성장이 함께 이루어진 것에 감사를 드린다. 나노라는 단어가 생소했던 때에 나노산업의 미래를 생각하고 준비했던 나노조합의 존재가 나노기업들은 물론 대학과 연구소의 기술들을 묶어서 대한민국의 나노기술과 나노산업의 현재를 만들었다고 이야기하고 싶다. 필요한 때를 위하여 나노연구조합이 차근차근 준비하고 있었다는 것이 행운이었고, 그 조직이 나노기업들을 잘 묶을 수 있는 조직이 되어 준 것에 더욱 감사를 드린다.

산업 환경의 급속한 변화가 예상되는 4차 산업혁명 시대를 맞이하며 더욱더 나노연구조합의 역할이 중요하다고 생각한다. 나노기업들의 지속적인 성장을 위해서는 산, 학, 연 및 수요자와 공급자 간의 효율적인 협력관계를 조성하고, 나노기술의 나아갈 방향을 제시하는 역할을 나노연구조합이 지금보다 더 훌륭하게 수행해 주기 바란다. 이제 청년기에 들어서는 나노연구조합이 그동안의 축적된 경험을 바탕으로 청년의 기상을 가지고 성큼 나아감으로 나노기업들의 희망이 되기를 기대해 본다.

아모그린텍 전경과 나노산업 관련 회의

나노코리아 1년, 10년, 20년

나노코리아는 처음에는 정부에서 한다고 하고 미국, 일본에서 붐이 일어났다고 하고, 돈이 나와서 연구자도 많이 참석했고 심포지엄도 많이 했다. 그래서 막연하게 기대만 갖고 왔는데 심포지엄은 영어로만 진행하며 알아듣지 못하는 소리만 하고 있고, 전시회는 전부 그림이나 판넬로 되어 있고, 전시된 나노모형 중 나노물감은 가루만 날리는 것처럼 보여서 실감이 나지 않았다. 1회 때는 79부스로 규모가 워낙 작다 보니까, 한바퀴 도는 데 30분이면 끝인데 자세히 봐도 한나절이면 충분히 돌 수 있는 시간이었다. 사람들이 서로 서성거리면서 얘기하는데, 별거 없다는 얘기도 하고, 기대하고 왔는데 아쉽다는 애기도 들려왔다.

그렇게 어설프고 변변찮아 보이던 나노코리아가 10년쯤 지나니 여기저기 학회나 대학들이 "너 이번에 나노코리아 나가냐? 응, 가긴 갈 건데. 뭘 준비해? 모르겠어." 그렇게 대화가 명절에 귀성열차 타듯이 나노코리아를 꼭 가야 되는 것처럼 바뀌었다. 회원사 중에서 삼성, LG가 고마웠는데, 처음 전시회를 할 때에 전면 입구에다 전시부스를 놓자고 했다. 그러면 앞에는 크게 있는데 뒤에 가면 아무것도 없게 되는데, 그래서 "부탁 좀 하자. 당신네들은 저 뒤에 있어도 다 온다. 만형 역할을 해줘야지 앞에 있으면 어떡하냐?"라고 뒤에 설치하자고 제안했는데, 흔쾌히 받아줘서, 지금까지 그렇게 하고 있다. 참 감사한 일이다. 그리고 나노조합이 그때쯤 돼서 국제협력 활동하고 일본하고 연계시켜 놓으니까, 한국하고 일본하고 거기 가면, 한 팀을 만들어서 한다. 많이 가면 200명 이상 가고 보통 100명 이상 가는데, 같이 출발해서 같이 돌아오게 해서 굉장히 편하게 갔다 올 수 있었다. 이런 것들이 굉장히 끈끈해지는데, 숙소도 일산 킨텍스니까, 좋은 점이 거기 있으면 자기들끼리 얘기하고 그렇게 10년쯤 되니까, 친분이 단단하게 쌓여가는 것이었다.

1회 나노코리아의 모습

미래 신산업혁명을 주도할 나노기술에 대한 정보교류를 확산하고 연구성과를 조기에 가시화하기 위하여 과학기술부와 산업자원부가 공동 주최하고 나노산업기술연구조합, 나노코리아 조직위원회, 전자신문사 등이 공동으로 주관하는 '제1회 국제나노산업전시회 및 기술심포지엄(나노코리아 2003)'가 2003년 8월 27일부터 30일까지 서울 코엑스(COEX)에서 개최되었다. 우리나라 나노기술의 현황과 국제적 동향을 살펴볼 수 있었던 본 행사에서는 나노소자, 나노소재, 나노바이오, 나노분석 측정기술 및 기기 총 4개 분야 중심으로 전시회와 기술 심포지엄 행사가 열렸다. LG전자, 삼성전자 등 나노기술을 개발 중인 국내외 대기업과 중소벤처기업, 해외 기업들이 자사 신제품과 신기술을 전시하였으며 심포지엄에서는 차세대 사업인 나노소자와 소재, 프론티어 사업으로 개발 중인 MEMS, 메카트로닉스 분야의 최신 기술 논문 발표가 진행되었다.

제1회 나노코리아에는 총 48개사 79부스가 참가하였으며 NT분야

Seeds and Needs 조명으로 민간분야의 참여를 확산시키고, 신기술에 대한 정보교환으로 전통산업의 기술혁신 아이디어를 창출하며 NT분야의 정책적 육성 효과 및 향후 지원 방향을 정립하는 등 그 의미는 매우 깊었다. 또한 R&DB세션을 개최하여 전시출품 업체(기관)의 신제품·신기술의 특성에 대한 발표를 통해 제품 홍보 및 연구 성과 발표로 기술투자 기회를 제공하였으며 대학·연구소·벤처기업의 기술개발 성공사례 발표를 통해 나노기술의 조기산업화 아이템 발굴 기술의 우수성을 사전 검토할 수 있었다.

10회 나노코리아의 위상 변화

2003년에 개최되어 10주년을 맞은 나노코리아 2012는 '나노 기술, 혁신의 프런티어(Nanotechnology, Frontiers of Innovation)'를 주제로, 나노기술의 연구 및 정보교류를 통해 나노융합산업을 육성시키고자 개최됐다.

행사는 비즈니스를 위한 전시회와 학술 교류를 위한 심포지엄으로 구성되었다. 전시회는 나노융합 최신정보와 신기술 및 제품 트렌드를 제시하는 기회가 되었으며, 03 나노코리아 국제 나노산업 전시회 개최, 제10회 국제 나노산업전 및 심포지엄, 나노코리아 전시회를 관람하면서 주요기술과 제품에 대한 전문 가이드의 체계적인 설명을 듣는 '투어가이드' 프로그램도 참관객에게 큰 호응을 얻었다. 또한 산학협력, 투자 유치, 제품 거래, 국제협력의 4가지 목적별 비즈니스 프로그램을 통해 참가기업과 바이어 간의 심도있는 상담과 거래가 이뤄졌다.

나노코리아 2012에서는 전시회 개최 10주년을 맞아 특별 전시관인 '나노마을(Nano-Vill)'을 운영하였다. 나노마을은 '나노에 대한 모든 것이 있는 곳'이라는 주제 아래 나노기술을 테마로 구성한 체험 전시회로서, 관람객으로 하여금 단순히 보고 지나치는 전시관은 지양하고, 함께 체험할 수 있도록 구성하였다.

관람객들의 자유로운 체험을 위해 나노박물관, 나노가든, 나노하우스, 나노아카데미, 나노극장의 5개의 세부 주제관으로 구성하고, 전문 해설요원과 안내요원을 두어 관람객별로 기술설명 및 체험활동을 진행하였다. 먼저, 10주년을 맞아 나노코리아의 역사를 재구성한 '나노박물관'에서는 나노코리아 사진전, 제작물 전시를 통해 나노코리아의 과거와 현재, 미래를 만나보는 자리를 마련하였다.

나노아카데미에서는 나노기술에 대한 이해도를 높일 만한 자료들과 국내·외 나노기술의 역사를 소개하면서 참관객들이 생소하게만 느껴왔던 나노기술에 대해 관심을 가질 수 있도록 구성하였다. 뿐만 아니라, 나노가든에서는 주변에서 흔히 볼 수 있는 동식물 속에 숨겨진 나노기술의 원리와 이를 제품화시킨 사례들을 다루었으며, 나노하우스에서는 60여가지가 넘는 나노융합제품을 자동차/레저분야, 발전/에너지분야, 현관/거실/주방/욕실분야로 나누어 한자리에서 볼 수 있도록 구성하였다.

나노코리아 10주년을 맞아 나노조합의 이희국 이사장은 진심어린 감사의 말을 그동안 함께해 준 많은 분들께 신문지상을 통해 전했다.

"나노코리아가 금년 10주년을 맞이하게 된 것에 대해 감회가 새롭고 큰 보람을 느낍니다.

우리나라의 나노융합산업은 정부의 열정적인 육성정책과 나노분야에 종사하시는 산·학·관계자 여러분들의 적극적인 노력에 힘입어 비약적인 성장과 발전을 이루어 오고 있습니다.

나노를 시작할 2000년 초기 당시만 하더라도 30여개에 불과하던 국내 나노기업들은 최근 약 700여개로 폭발적으로 증가하고 있으며 이들 기업들은 기술개발 단계를 지나 제품화 단계로 빠르게 전환되고 있는 것 같습니다.

올해 10주년을 맞는 나노코리아는 이미 산업화 촉진과 비즈니스의 장으로서 세계 선두권 대열에 진입해 있는 행사로서 명실상부 대한민국 나노기술의 수준과 산업의 현주소를 점검하고 더 큰 발전과 도약의 기회를 제공할 것입니다.

이 지면을 빌어 그동안 나노코리아의 발전을 위해 아낌없는 지원과 성원을 해 주신 정부관계자 분들과 나노분야 관계자분들께 깊이 감사를 드리고 앞으로도 지속적인 관심과 참여를 요청드리며 우리 나노코리아도 산업화 견인에 첨병이 될 수 있도록 최선의 노력을 다하겠습니다.

우리는 지금 나노융합제품의 산업화 연계를 위한 걸음마를 이제 겨우 뗀 수준에 불과합니다. 하지만 향후 나노융합 T+2B센터는 나노융합제품의 산업화를 위한 교두보 역할을 하게 될 것이며, 나노융합산업 발전에 큰 밑거름이 될 것입니다. 많은 관심과 성원 부탁드립니다."

나노코리아 2019, 4차 가고픈 당신… '나노 만물상'으로 오세요

국내 최대 나노기술 전시회인 '나노코리아 2019(제17회 국제 나노기술 심포지엄 및 융합전시회)'가 3일부터 사흘간 경기도 킨텍스에서 역대 최대 규모로 열린다. 나노코리아는 최신 나노분야 연구 성과와 다양한 첨단 응용

제품을 선보이는 국제행사로 산업통상자원부와 과학기술정보통신부가 공동 주최하고 나노융합산업연구조합(이사장 정칠희)과 나노기술연구협의회(회장 유지범)가 주관한다. 일본 '나노테크 재팬', 미국 '테크커넥트 월드'와 함께 세계 3대 나노행사 중 하나로 자리매김했다.

빛으로 분해되는 미세플라스틱용 나노 촉매, 자동차 김서림 방지 면상발열필름, 세계 최초 5G 스마트폰에 탑재된 모뎀칩,투명 디스플레이 생산을 위한그래핀 3D 핀펫(FinFET) 반도체 공정 측정을 위한 원자현미경…….

올해 17회째를 맞는 나노코리아 2019에서는 최신 나노분야 연구성과와 다양한 첨단 응용제품이 총출동했다. 나노기술은 머리카락 10만분의 1 굵기의 눈에 보이지 않는 작은 크기지만 우리 삶의 질을 높이고 인류에 변화를 가져다 준 '작지만 큰 기술'이다. 특히 4차 산업혁명 기반이 되는 5G 이동통신, 인공지능(AI) 반도체, 차세대 디스플레이 등에는 나노 기술이 필수적이다. 지속가능한 발전을 위한 각종 친환경 솔루션에서도 나노 소재가 꼭 필요하다.

나노코리아 공동조직위원장을 맡고 있는 정칠희 나노융합산업연구조합 이사장은 "나노코리아는 2003년부터 개최되기 시작한 이래 지속적으로 발전해 이제는 나노분야 세계 2위 규모 국제행사로 성장했다"면서 "올해 나노코리아에는 작년보다 20% 정도 많은 참여가 이뤄졌고 특히 접착·코팅·필름 분야 협력전시가 추가되는 등 지속 성장하는 것은 국내 나노융합 기술과 나노 관련 산업이 발전하고 있음을 보여주는 것"이라고 말했다.

국내 대표 대기업인 삼성과 LG는 나노기술을 활용한 제품과 기반 기술을 대거 전시했다. 삼성전자는 세계 최초 5G 스마트폰에 탑재된 모뎀

나노코리아 2019 산업화세션

나노코리아 포럼

나노코리아 심포지엄('19. 기조강연)

칩과 AI용 신경망처리장치(NPU)를 탑재한 엑시노스 프로세서 등을 선보였다. 또 기존 7나노 기술 대비 성능을 전력 소비를 20% 절감하고 성능을 10% 향상시키면서도 면적을 25% 축소할 수 있는 5나노 극자외선(EUV) 패터닝 기술과 GAA(Gate-All-Around)를 기반으로 3나노 공정에 도입할 예정인 독자 MBCFET(Multi Bridge Channel FET) 기술을 소개해 눈길을 끌었다.

LG그룹관에서는 광고판이나 냉장고 등에 활용할 수 있는 투명 디스플레이를 주요 전시품으로 소개했다. 투명 디스플레이 제조를 위한 기반 기술로 롤투롤 방식으로 연속 생산이 가능한 화학기상증착법(CVD)을 활용한 그래핀 생산 기술과 레이저 용접 기술도 소개했다. 또 미세플라스틱에 넣어 빛을 쏘이면 분해가 되는 나노촉매 소재와 LG전자 OLED TV에 적용되는 OLED 재료 등을 소개했다.

한국연구재단과 한국산업기술평가관리원이 공동으로 꾸린 국가 R&D 성과 홍보관에는 나노기술로 구현하는 △편리하고 즐거운 삶 △건강하고 안전한 삶 △청정하고 풍요한 삶 등 3가지 주제로 미래 세상을 엿볼 수 있는 정부 나노 R&D 성과물 62종이 전시되었다.

나노융합기술은 세계가 함께 나누어야 한다

우리가 처음 나노융합기술을 국내 산업에 접목시키고자 했을 때 염두에 두었던 전략은 전 세계 나노기술을 공유하고 교류한다는 것이었다. 이 국제교류협력 전략의 벤치마킹은 나노산업을 주도하는 미국과 일본이었다. 우리나라가 미국으로부터 나노산업의 청사진을 제안받았다면, 구체적인 실행방안은 이웃나라 일본의 나노산업에서 보고 배운 것이 많았다.

무엇보다 나노코리아 개최의 벤치마킹 대상이 되었던 일본 나노테크를 우리로서는 잊을래야 잊을 수 없는 전시회였다.

나노관련 세계 최대 나노산업 전시회인 '일본 나노테크(nanotech)'는 매년 4월에 일본 나노테크 집행위원회의 주최로 열렸다. 우리나라는 2004년부터 과학기술부 21세기 프론티어 나노소재사업단, 한양대, 성균관대, LG생명과학, 석경에이티 등 10개사 16부스의 공동관을 마련해 참가했으며, 약 80여명의 방문단이 참관하여 일본의 최신기술 및 주요 추진방향을 파악하고 주요 연구분야와 한국의 기술우위분야를 비교할 수 있는 좋은 기회로 삼았다. 우리측 전문가는 "한국 대기업들이 보다 적극적으로 나노산업에 뛰어들어야 한다"고 입을 모으기도 했다.

나노테크 커넥트 매칭프로그램

일본의 나노기술은 우리에겐 하나부터 열까지 익히고 배워야 할 대상이 아닐 수 없었다. 일본은 2001년부터 과학기술기본계획의 중점분야의 하나로 나노기술을 선정하고 전략적인 국가투자를 실시하여 나노전자, 재료, 바이오 등 세계 최고수준의 나노기술을 보유하고 있었다. 이러한 일본의 나노산업분야의 수준은 한국에 비해 한 발자국 앞서 있다. 실제 2012년 7월에는 한국과학기술기획평가원에서 일본 연구개발전략센터와 공동 실시한 나노분야 기술수준 평가조사에서는 최고기술수준을 100% 가정할 때 일본이 한국에 비해 나노분야 기술력이 12~16% 앞서는 것으로 조사된 바 있다. 이에 우리나라는 2004년부터 일본과의 나노관련 기업간 실질적인 국제협력 및 교류 네트워크 발굴 지원을 위해 협력포럼을 개최하고 있다. 나노조합(한국)과 나노비지니스추진협의회(일본) 주최로 연 2회(일본 nanotech, 한국 nanokorea) 순번제로 매회 별도의 주제로 선정하여 개최하고 있다.

나노조합, 일본 나노테크 참관

일본 나노관계자 나노코리아 참관

우리는 나노코리아를 개최하면서 나노코리아조직위원회 차원에서 한-독-일 나노 협력 MOU를 체결하기도 했다. 2008년 4월 30일 나노코리아조직위원회(공동위원장 이희국 실트론 사장, 김학민 나노기술연구협의회장, 양병태 KISTI 원장)는 대전에서 한국과 독일, 일본이 참여하는 제2차 국제 마이크로테크 위원회를 열었다. 국제 마이크로테크 위원회는 한국 나노융합산업연구조합, MEMS기술연구조합, 일본 마이크로머신센터, 나노테크 실행위원회, 독일 IVAN 마이크로테크놀로지 네트워크, NRW주정부

등 마이크로관련 대표 기관 및 기업으로 구성되어 있다.

한국 나노융합산업연구조합의 한상록 상무이사와 일본 다카히로 마쓰이 ICS 컨벤션 디자인 이사, 독일의 우베클라인케스 IVAM 마이크로테크놀로지 네트워크 이사가 참석한 가운데 나노 협력 MOU를 체결하였으며, 이 자리에서 '국제마이크로/MEMS전시회 및 컨퍼런스' 및 '나노코리아 2008' 행사에 적극 협력하기로 하고 다양한 협력방안에 대해 논의했다.

2013년 7월 10일 나노조합이 대만 NPNT와 '나노코리아 2013' 행사에서 양국 간 나노기술 · 제품을 교류하고 나노기업의 비즈니스를 활성화시키기 위해 협력 MOU를 체결하였다. 대만 NPNT(National Program on Nano Technology)는 대만의 나노 기술 상용화 및 산업 발전을 지원하며 정부와 유관기관을 조율하고 학제 간 협력을 강화하는 역할을 하는 기관이다. 대만은 나노산업의 신흥국으로 나노기술 및 제품에 대한 수요가 급속히 증대될 것으로 예상되며 국내 나노융합기업들에게는 일본과 중국과 더불어 아시아의 새로운 비즈니스 파트너를 만난다는 측면에서 의미가 있었다.

2014년 7월 3일 '나노코리아 2014'에서 나노조합과 중국 나노폴리스 쑤저우(Nanopolis Suzhou)가 업무 협력을 위한 MOU를 체결하였다. 중국 나노폴리스 쑤저우는 나노기술 산업화를 위해 지난 2010년 9월 개설된 국영 기업으로, 특히 중국 과학기술부(MOST)가 중국 나노기술혁신클러스터로 지정한 쑤저우 산업단지의 나노폴리스(나노기술특화단지)를 구축 · 관리 · 운영하는 역할을 수행하고 있다. 양국은 나노산업 현황 및 나노기술 ·

제품 수출, 수요 · 공급기업 간 협력 등 나노기술 발전과 산업화 촉진을 위한 정보를 공유하고, 기업 간 상담회 및 워크숍 개최 등 협력 활동 추진을 합의하였다. 이번 MOU 체결을 통해 나노조합과 나노폴리스 쑤저우는 나노융합산업분야의 지속적인 협력체계를 구축하였으며, 중국과 한국에 진출하려는 나노융합기업들의 지원을 담당하는 거점 역할을 수행할 것으로 전망된다.

2016년 7월 13일 '나노코리아2016'에서 나노조합은 이란 나노기술협의체(INIC)와 양 국가의 나노융합산업 촉진 및 나노기업의 비즈니스 활성화를 위한 MOU를 체결하였다.

INIC는 2003년 설립된 이란 정부 산하 나노 기술 대표 기관이다. 세계 10대 나노 강국 실현을 목표로 인력 양성, R&D, 기술상용화 사업을 추진 중이며, 전시회인 '이란 나노 페스티벌'을 주관하고 있다 .나노조합은 지난 6년 간 이란 INIC와 협력을 꾸준히 이어 왔고 올해 MOU 체결로 협력체계를 더욱 공고히 할 것이며, 이란과 한국에 진출하려는 나노융합기업들의 지원을 담당하는 거점 역할을 수행하게 될 것으로 기대된다.

베트남하고 태국은 앞으로 시장이 커질 듯해서 그쪽으로 진출해야 하는데, 우리나라가 접근을 잘 못하고 있는 것 같다. 태국, 인도네시아 이런 쪽도 관심을 가지고 교류해야 하는데, 지금은 베트남에만 엄청나게 퍼부어 댄다.

베트남은 2002년 산업구조 고도화 및 부품소재 육성 전략을 발표하고 부품 사업 국내(베트남) 조달률 50%를 설정한 바 있다. 이후 고부가가치의 기술 집약 부품의 수입이 계속 느는 등 육성 전략이 제대로 이행되지 못 했으나 최근 다시금 소재·부품산업 육성에 힘쓰고 있는 상황이다. 베트남의 소재·부품 산업 자급률은 30% 미만으로 취약해 산업의 고부가가치화와 외국기업 유입을 저해하는 요소로 작용하고 있다. 베트남 정부는 소재·부품산업을 육성하기 위해 '2020 부품 소재 산업 개발을 위한 마스터플랜' 등 각종 지원 정책을 추진 중이다. 소재 부품의 선진기술을 보유하고, 글로벌 벨류체인 공급 가능한 기술 집약적 나노기업의 베트남 진출에 주목해야 할 부분이다. 경제 전문가들은 올해 2021년 베트남경제가 성장에 속도를 낼 것이라고 전망하고 있다.

앞으로 몇 십년 후에는 우리나라보다 나노산업이 역전될 것이라는 전망도 있으며 그래서 더 주목을 해야 한다. 그렇게 되려면 우리나라와 베트남이 협력을 해야 하는데 우리는 일회성으로 하는 것에는 한계가 있다. 소재/부품 쪽으로 진행되어야 하고 그것이 나노다. 우리가 20년 했고 또 베트남도 소재/부품에서 중간제품을 만들려면 나노소재가 없으면 고부가가치 제품을 만들지 못한다. 베트남은 앞으로도 아시안 국가의 중심축이 될 것이고 베트남과 장기적으로 협력하려면, 민간부문에서 해줘야 되는 것이다. 또 5년 이상 또는 10년 정도의 장기간 협력하지 못 하면 할 수가 없다.

내가 캐나다에 관심을 가지게 된 것은 캐나다가 미국에 인접해 있는데, 헤드헌터가 캐나다가 주대상이었다. 영어 통하지, 사람 빼가지, 기업 M&A하지, 기술 빼가지 그러니까, 캐나다 입장에서는 미국이 같이 안 살 순 없지만 자기들의 미래가 굉장히 어두운 것이었다. 일본은 또 캐나다의 필요를 별로 못 느끼는 것이었다. 왜냐하면, 연구기술의 집중도가 일본이 낫고 장비도 더 좋다. 그러한 상황을 파악을 해보다보니, 한국이 제조

중국 쑤저우와 업무협력

이란 MOU

한–일–독일 MOU 체결

업체가 있다는 것이 얼마나 좋은지 알았다. 그런데 전문가들이 가서 느낀 것은, 캐나다라는 동네는 자금이 넉넉지는 않지만 미래기술인 나노에서 상당한 돌파구를 찾으려는 것 같았다. 그리고 옛날 장비들을 방치하지 않고 개량해 쓰고 있었다. 예를 들면 두부를 만드는 물레방아가 있다면 물레방아 기계를 더 좋게 하는 기계를 더 좋게 버전업을 했다. 그래서 이런 식이라면 우리가 할 수 있겠다고 해서 우리 사람들하고 갔다. 그런데 중소기업은 호기심만 있고 중견기업쯤 되니까 협력을 맺고 파트너를 잡아서 했다. 캐나다는 산림이 있으니까, 나무를 부가가치해서 '셀룰로스'를 하고자 제안했다. 셀룰로스를 같이 협력하면 좋겠다고 해서 두 가지 일로 갔었다. 기업들은 애로사항이 뭐냐면 로맨스가 시작돼야 파트너를 찾았고 그 뒤로는 회사 문을 닫는다. 그래서 CEO나 만나보면 잘하고 있고 고맙다고도 하고 그런 얘기 정도만 듣는데, 기술경쟁이 워낙 심하고 선수들이 조금만 알아도 캐치하니까, 그건 이해가 된다. 하지만 소재기업과 수요기업이 좀 더 내실있게 성과를 내려면 함께 오픈하는 열린 연구개발이 시급히 정착돼야 한다고 본다.

◇ 한국 나노융합산업의 중심, 나노융합조합

나노융합기술로 엮어진 한-베트남 나노 사업 협력 시대

베트남 SMBL 윤상호 대표

나노기업의 베트남 진출 필요성

베트남 산업의 변화가 이전의 OEM 생산기지국을 탈피하고 있다. 정확히 말하면 제조산업의 변화가 빠르다. 급성장하는 이머징 마켇으로서의 베트남은 코로나 위기 속에서도 글로벌 기업들은 베트남을 새로운 돌파구로 생산기지 및 시장 진출에 총력을 기울이고 있다.

다수의 외국계 기업이 베트남 부품소재산업의 발전 잠재성을 높게 평가하였고, 여러 국가에서 국가적인 관심을 보이기도 있다. 베트남은 2002년 산업구조 고도화 및 부품소재 육성 전략을 발표하고 부품 사업 국내(베트남) 조달률 50%를 설정한 바 있다. 이후 고부가가치의 기술 집약부품의 수입이 계속 느는 등 육성 전략이 제대로 이행되지 못 했으나 최근 다시금 소재·부품산업 육성에 힘쓰고 있는 상황이다. 베트남의 소재·부품산업 자급률은 30% 미만으로 취약해 산업의 고부가가치화와 외국기업 유입을 저해하는 요소로 작용하고 있다. 베트남 정부는 소재·부품산업을 육성하기 위해 '2020 부품 소재 산업 개발을 위한 마스터플랜' 등 각종 지원 정책을 추진 중이다.

나노조합과의 첫 만남 및 협력 내용

2018년 추운 겨울날 한통의 러브콜을 받았다.

수출지원기관으로는 다소 생소했던 '나노융합산업연구조합'에서 SMBL로 업무 의뢰를 받던 날을 기억한다. 대부분의 수출지원기관이 해외 수행 파트너를 선정할 때 통상적으로 진행되는 회사의 업무수행기록 등의 자료가 제출되었다. 하지만 나노조합은 여타의 기관과는 사뭇 달랐으며, 자상하고 친절하며 매우 꼼꼼했다. 해외수행 파트너 심사를 위한 모든 자료가 제출된 후, 나노조합으로 직접 방문을 제안하셨다.

2018년 매우 추운 겨울날, (동남아에서 10년 이상 적응하며 살아온 사람에게 한국의 겨울 추위는 시베리아 벌판을 연상하게 추웠다.) 나노융합사업조합 직원분들과 한상록 전무님을 처음 뵙게 되었다. 나노조합의 해외 업무 수행 자격의 최종 면접이었다고 회상된다. 나노조합의 사업에 대한 자세한 소개가 있었고, 제품 전시실에서 실제로 나노소재가 응용된 제품들을 직접 확인할 수 있었다. 나노소재 기반의 수출은 특성을 이해하고, 타깃을 설정하여 적합한 수요처와의 연결에 상당한 전문성을 요구한다. SMBL의 (협업 당시 시점) 13년차의 베트남 전문가의 실력이 꼭 필요했던 부분이다. 양측의 단단한 업무 기반 조성으로, 2018년 4월 국내 유망 나노기업 11개사가 참가한 제1회 한-베 T^{+}2B 제품거래 상담회를 개최하였다. 2021년 현재 한-베 T^{+}2B 제품거래 상담회는 4회까지 개최되었으며, 총 44개의 유망 나노기업을 지원해왔다.

한상록 전무님과의 따뜻한 기억의 연대

나노조합과 SMBL의 협력은 2018년 시작되었다. SMBL은 지난 2006년부터 매해 다수의 주관기관과 협력해오고 있으나 주관기관으로서의 나노조합의 업무방식은 파트너로서 늘 감사할 뿐이다.

기업의 실질적인 성과 창출을 위해서는 장기적인 관점에서 체계적인 지원이 필수이다. 나노조합의 업무방식은 해당 방식의 표본이다.

나노조합은 실질적으로 참여기업의 베트남 진출 지원 협력이 시작된 2019년 상담회부터 2020년까지 3년에 걸쳐 매해 베트남 상담회에 참가하는 기업의 리스트가 80% 이상 동일했으며, 일반 매칭 상담회 2회, 현지기업 방문 상담, 유관기관 방문을 통해 바이어/유관기관과의 긴밀한 협력관계를 구축했으며, 특히 지난해 코로나19의 확산으로 베트남 입국이 어려운 상황에서는 온라인 상담회로 전환하여 진행하는 등 지속적으로 베트남 진출 지원 사업을 진행하고 있다. 또한 나노조합 담당자의 체계적인 사후관리와 추적조사로 매해 참여기업별 지원성과를 확인하고 해당 자료를 SMBL과 공유함에 따라 참여기업별로 지원전략을 수립하는데 큰 도움이 되고 있다. 이와 같은 업무방식을 통한 나노조합의 지원과 SMBL 업무방식이 시너지 효과를 창출하여 매해 MOU 및 샘플 구매, 수출계약 달성 등 실질적인 성과가 창출되고 있다.

두 권의 책 그리고 새 책의 발간소식을 접하며……

독서를 즐기며, 책속의 지혜를 함께 나누는 기쁨을 실천하신 한상록 전무님이 그동안 업무의 소회를 책으로 출간한다는 소식에 곧 발간될 책을 가장 먼저 읽고 싶습니다. 전무님과 첫 만남에서는《큰새가 먼 길을 가듯이 - 김재홍 저》를 선물 받았습니다. 나노조합과 큰 그림의 미래를 함께 할 동반자에게 전해 주시는 소중한 메시지들이 큰 길을 걸어오신 저자의 경험을 통하여 생생하게 전달되었습니다. 두 번째 선물 받은 책은《생명온도 - 김종수 저》를 손에 쥐어 주셨습니다. 손수 적으신 메모에는 직접 체험하신 경험을 바탕으로 한 건강에 대한 조언이 적혀 있었습니다. 한상록 전무님과의 추억을 곰씹어 보면 세심한 배려를 아끼지 않는 따뜻함으로 추억됩니다. 꾸준히 성장할 후배 기업인에게 보여주신 열정과 배려를 늘 잊지 않을 것입니다.

지난 4년간 두 기관이 함께 쌓아온 믿음과 신뢰를 바탕으로 2021년에는 더욱 다양한 사업들을 함께할 수 있길 바랍니다. 현재 한국과 베트남 양국의 코로나 19 상황이 악화되어 작년에 이어 올해도 기업들의 베트남 진출지원에 많은 어려움이 예상되지만 함께 방안을 모색하며 극복해 나아가길 희망합니다. 늘 적극적인 지원에 감사드리며 SMBL은 앞으로도 나노조합의 베트남 현지 파트너로서 책임과 역할을 다하겠습니다.

$T^{+}2B$ 사업, 나노기술을 사업화하라

중국의 근대사상가이자 소설가인 루신은 〈고향〉이라는 소설에서 "희망이란 본래 있다고도 할 수 없고 없다고도 할 수 없다. 그것은 마치 땅 위의 길과 같은 것이다. 본래 땅 위에는 길이 없었다. 걸어가는 사람이 많아지면 그것이 곧 길이 되는 것이다"고 했다.

나노 사업은 마치 땅 위에 없었던 길을 자꾸 걸으면서 희망이라는 길을 만들어가는 미래형 사업이다. 원래 있다고도 할 수 없고, 없다고도 할 수 없는 이 초미세 물질의 세계는 그 자체로 혁신기술이고 선도기술이다. 그래서 지금 바로 성과가 나타나지 않아서 수요기업이 선뜻 활용하기를 꺼리는 요인이 되기도 한다. 하지만 혁신 방향이 다르다고 해서 혁신의 핵심을 잘못 건드린 것은 아니다. 하나를 제대로 건드리면 줄줄이 쓰러지는 도미노 현상의 핵심은 바로 건드려야 할 데를 제대로 건드리는 것에 있다. 태양의 광대무변한 햇빛만으론 종이를 태울 수 없지만 돋보기로 햇빛의 초점을 한 곳에 모으면 종이는 어느 순간 불타오르게 된다. 나노기술도 시간을 갖고 집중해서 핵심사업을 건드려야 돋보기에 종이가 타듯이 어느 순간 활활 타오를 수 있는 것이다. $T^{+}2B$ 사업의 핵심은 바로 소재기업과 수요기업이 서로 맞아떨어지는 핵심부분을 건드려 윈윈하는 시너지 효과를 내자는 데 있었다.

T+2B 사업을 고민한 계기는 2010년 무렵이었다. 2003년부터 개최된 나노코리아 전시회를 통해 나노기업과 수요기업 간 자연스러운 만남의 기회를 제공하면 될 줄 알았지만 여전히 제품화 벽을 넘기가 어려웠다. 나노가 과학의 영역에서 기술의 영역으로, 다시 산업의 영역으로 가기까지 걸림돌을 해결해줄 사업이 필요했다. 그렇게 T+2B 사업 콘셉트를 기획하고 직원들을 설득하는데 1년, 정부를 설득하는데 또 1년이 걸렸다. 2012년 사업 출범 이후에도 나노기업과 수요기업을 한자리에 모으기까지 또 긴 설득의 시간이 이어졌다.

나노기업과 수요기업이 접촉하기도 쉽지 않지만 만나더라도 실무자에서 대표까지 기술을 검증하고 최종 결정이 이뤄지기까지 긴 시간이 걸리는데 이 과정에서 규모가 작은 나노기업은 좌절하기도 하고 서로간의 오해가 생기기도 한다. T+2B는 신뢰성을 보증하고 이야기가 잘 되도록 돕는 '분위기 메이커' 역할도 하고 있다.

T+2B 사업은 기술사업화가 아니고 티플러스라는 데 방점이 있다. 나노테크놀로지는 체계화된 제품위주이다. 두 번째는 비즈니스가 일어나려면 대학이나 연구소는 원래가 미션이 한 70%이고 나머지는 기업 쪽으로 하게끔 정해져 있다. 그런데 기업들은 그렇게 하기 싫고 90%까지 하기를 원하는데 한 20% 갭이 있는 것이다. 그래서 그것은 나노 비즈니스를 하기 위해서 기업들이 만든 제품을 먼저 해야겠다. 두 번째는 수요기업을 찾아오게끔 하는데, 나노기술이 가장 어려웠던 것이 나노기술이 중요하다고는 하는데, 그 당시에 소재니까 눈으로 보이는 게 가루 밖에 없었다. 어느 정도 시간이 지나고 일본에서 먼저 출시하고 우리도 출시하고 해서, 눈으로 볼 수 있게 해서 수요기업을 불러와야겠다라는 기본적인 구상을 했다.

2009년 국회신성장산업포럼세미나

2013년 국회신성장산업포럼 과학기술 세미나

그래서 첫째는 제품을 내놓아야 하는데 그것을 주로 R&D 쪽에서 했던 것을 받아서 하는 기업들을 중심으로 했다. 수요기업은 우리 회원사를 중심으로 하고 돈을 따는 것도 정부에서 B2B를 가지고 하는데, 누가 돈을 주느냐가 굉장히 어렵다. 그때 과천에 기획재정부가 있었고 R&D를 기획재정부에서 했다. 내가 수시로 가서 $T^{+}2B$를 해야 된다고 얘기를 했더니 산업부의 과장국장들이 나를 좀 부담스러워하면서 나를 대하는 데 어려워했다. 두 번째는 나노가 뭔지 모르겠는데, 저 사람이 저 정도 하고 저렇게 확신을 가지고 하는 거 보니까 사고는 안 치겠다 하는 판단을 했는지 과장들을 통해서 원하는 기업들이 하나둘 들어왔다. 옛날에는 B2B가 완성품 대 완성품으로 가는 게 대부분이었는데 지금은 개념이 달라졌다. 전시회에서 B2B는 기술제품이다. 그러니까 정부가 나쁜 게 아니고 정부는 분쟁의 소지가 있을 만한 것은 안 하려 한다. 내가 그것을 겨우겨우 설득을 해서 사업이 진행될 수 있도록 했다. 그 당시 기우와 의문에 주저주저하는 정부 관계자들에게 "하다가 안 되면 끝나는 식의 일회성 사업이 아니다. 믿을만한 성과를 잘 내겠다"며 의심을 신뢰로 바꾸어주었다. 나노코리아 개최의 근간이 되었던 회원사가 모여서 계속 제품을 내놓고 또 더 좋은 신기술은 대학이나 연구소에 있는데 받으라는 압력도 있었다. 그 당시, 산업부 과장이 직접 와서 대학이나 연구소의 신기술을 전시하라고 해서 이 사업은 철저히 비즈니스로 가야 되기 때문에 안 된다고 거절했더니 과장은 "왜 안 되냐?"고 되물어왔다. 그래서 내가 "그렇게 하면 나중에 가면 50%, 60% 차지할 것이 뻔하고 그러면 기업들이 안 온다. 기업들이 안 오는 전시장은 무슨 필요가 있냐?"며 담당자에게 이해를 시키고 양해를 구했다.

나노제품의 시나리오를 만들어라

T^+2B 사업체를 선정할 때, 그냥 제품을 내놓는 것이 아니고 목합이라고 하는 모형을 만들든지 완제품을 만들어야 한다. 너무 어려우면 모형

T⁺2B 상설시연장을 참관하는 회원들

으로 만드는데 나무로 만드는 것이 아니라 실제에 가장 가깝게 만들어야 한다. 그 다음 목합제품을 전시장에 놓으려고 하면 알엔디에서는 재료비가 들어간다. 우리 회사는 재료비가 뭐냐면 공간이다. 그걸 인정을 안 해준다. 하나하나 전문가의 코치를 받아 제품을 전시해 놓고 우리가 그걸 하려면 기술을 알고 설명을 해야 한다. 그러면서 기업들이 많이 들어왔고 바이오 쪽도 많이 들어오고 했는데, 그것을 선점하는 과정에서 제품의 시나리오를 만들고 설명을 해야 했다. 제품이 180개에서 200가지 정도 되는데, 그 기술 하나하나가 다르다. 원리는 몇 가지가 있지만. 그러면 기술을 알아야 되고 산업의 거래 관계도 알아야 된다. 그렇게 하려면 180명의 전문가가 필요한데 그게 가능하겠나? 그래서 평가위원회를 구성해서 계속 바꿔가면서 운영을 했다. 그 다음에 전문가들 20명을 구성해서 전체 모이기도 하고 그룹핑을 했다. 전문가집단은 주로 나노 쪽이고 전자, 소재, 측정, 정책, 바이오 등 굉장히 다양했다. 처음에는 50명을 운영했는데, 도저히 감당이 안 되서 20명으로 줄였다. 그리고 우리가 2005년에 한번 구성하고 2010년에 구성하고, 최근에 2020년에 다시 재구성했다. 나노는 다학제라고 한다. 물리, 생물, 화학 등 여러 가지 학문들이 모여서 만들어가는 토론과 협력의 장이다. 다학제는 학문 간의 융합이다. 한 사람이 여러 전공을 할 수 없으니까 여러 사람이 모여서 함께하는 것이다. 그런 것을 통해서 평가를 하고 부족한 부분이 있으면 어드바이스하고 찾아보고 물어보고 한다. 어느 정도 완결된 결과물이 도출되면 반드시 기업들과 연계시키고 매치를 시켜야 된다. 그런 것이 가장 기본이었다. 우리나라 나노 소재 경쟁력이 소재, 부품분야가 일본을 따라가다 다시 밀리고 있는 상태였다. 기업이 받은 건 객관적인 데이터가 아니어서 못 믿겠고 제3의 평가기관을 통해서 성능을 알고 싶다는 요구가 수요기업에서 있었다. 그런데 우리가 하려고 하면 우리가 무슨 자격으로 평가를 하느냐는 얘기가 나왔다. 결국은 돈이 해법이 된다. 그래서 우리가 정부돈을 마련하고 25%는 기업에 부담시키고 75%는 정부지원금으로 충당했다. 우리가 필요한 기관을 파악하니까 40개 정도의 평가기관이 있었는데, 거기에 선점하는 과정을 겪었다. 녹록치 않은 환경에서 많은 과정을 겪었는데, 중요한 것은 다들 도와주었고 그리고 그 제품을 들고 국내유망기업들이 참고하는 거였다. 그러면 우리가 들고 가서 설명할 때가 많았었다. 왜냐하면 특히, 중소/중견기업이라고 하면 일인 다역이다. 한 사람이 한 8가지 역할을 하고 있고, 또 그 사람이 업무를 그만 둬버리면 공백이 생겨버린다. 그래서 우리가 유망전시회 참가를 본인이 나가면 지원해주고 안 나가면 우리가 들고 가서 설명해주고, 그 다음 제품기술별로 상담회를 매치메이커를 해주었다. 또 우리나라 엔디기업들의 가장 큰 고민은, 거래처와 연결되는 것과 자금 부족이다. 그래서 투자받을 수 있게 IR(투자설명회) 해주고 나노제품 홍보할 때에 여러가지 매체를 통해서 홍보해주고, 상설시연장에 언제든지 볼 수 있도록 미리 준비해 놨다. 말하자면, 기업들이 안 와도 초벌구

이는 다 해줄 수 있게 한 것이다. 그래서 온다고 연락을 하면, 스케줄을 조정해서 설명을 해준다. 180개 회원사 중에서 특정인과의 협력을 원하면 협력한 것을 먼저 설명해주고 날짜를 맞춰서 미팅을 한다. 우리는 바쁘다 보니까 만날 수 있게 주선만 하는데 진도가 안 나갔다. 그래서 3자 미팅을 한다. 이쪽은 수요기업이고 다른 쪽은 제품인데. 특히 제품을 점검하려면 기술적인 데이터도 요구한다. 그럴 경우는 제품기업은 기술 유출에 대한 두려움이 크다. 수요기업은 기술 유출에는 관심이 없는데, 하다보면 일이 스톱될 수가 있다. 그러면, 갑질하고 횡포부리고 언론에 홍보하고 하는 것을 제품기업은 가장 두려워한다. 서로의 견해 차이가 커서 두 개를 조정할 방법이 없다. 그래서 이 둘을 연결하기 원해서 항상 우리가 중간에 끼었다. T⁺2B가 성공한 요인이 뭐냐 하면, 남들이 할 수 없는 일을 한 것이다. 그렇다는 것은 우리의 출혈이 크다는 것이다. 결국 이 일이 압도적으로 가기 위해서는 고육지책이라고 생각한다. 이것을 다른 사람들이 그렇게까지 하겠냐? 결국 못한다.

나노소재기업과 수요기업의 입장을 조정하라

나노소재기업과 수요기업은 항상 회사의 이해관계에 따른 서로 다른 입장을 견지해 서로가 원하는 방향으로 사업이 진행되지 못 하면 항상 오해와 다툼의 소지를 안고 있다. 그래서는 안 되겠지만 부득이 소재기업과 수요기업이 서로 충돌이 났을 때 조합은 양쪽을 양해시키고 제3자로서의 조정기관 역할을 하는데, 마치 검찰에서 문제가 생기면 가장 강력한 참고인이 되는 것과 같은 위치인 것이다. 그렇게 진행하다 보니 서로 안심하고 제품화 과정에 매진할 수 있다. 나노소재개발자들은 우리 조합 실무자들이 만나거나 수요기업의 부장급 임원들이 만난다. 이들은 항상 신분이 불안한 사람들이어서 보고를 할 때에 자기 쪽에 최대한 끌어당기려고 하고 유리한 쪽으로 가려고 한다. 그래서 어느 정도 판세를 보다가 안 되면 직접 찾아간다. 그런데 이건 비즈니스고 장기적으로 가려면 서로 비즈니스 모델을 봐야 된다. 지속적인 지원과 관리가 필요하고 배분비율 등 사소한 것까지 세밀하게 검토해야 한다. 기업를 하나 만들어서 성사시킨다는 것이 애 키워서 대학 보내는 것과 같다. 그런 엄청난 물밑 과정이 있다. 나중에 성과발표회나 계약할 때는 나코리아에서 하는데, 그때 그 완성본에 속이 다 후련하다. 성과발표회나 계약 성사 전까지는 정말 수많은 과정이 빙산처럼 엄청나게 많은데, 그 과정들을 하나하나 다 챙기려니 직원들이 많이 힘들어한다. 또 한편으로는 볼수록 복잡하고 어렵지만, 어느 정도 자기가 전문가 반열에서 설득도 할 수 있고 사례도 많아진다. 그러다보니 조합 직원들이 긍지가 생기고 성사의 기쁨을 누리는 것이다. 기업들 입장에서는 무조건 나노조합을 따라가면 성심껏 해주니까, 그런 의구심에 대해서는 걱정 안 해도 된다. 그런 것들이 T+2B를 통해서 많이 상승됐다. 그러다보니까, 그게 소문이 나서 대전에 나노센터가 생긴 것은 순전히 대전에서 스카웃했던 것이다. 그래서 그런 내용들을 쭉 설명하니까, 반응이 사기군 집단이라고 했다. "가능한 얘기를 해요." "우리나라 테크노파크가 17개가 되는데 하나도 그런 사례가 없어요. 그런데 어떻게 그런 일을 합니까?". 그래서 처음에 5억을 받아가지고 운영을 시작했었다. 그때 담당사무관 했던 사람이 나노코리아를 알아서 과장되게 적극적으로 밀어줘서 안착을 했다.

지자체는 우리나라의 지역균형발전이라는 논리에 막혀 상당히 머리가 아프다. 대전이다 하면, 대전지역의 연구소나 기관이나 기업이 있다. 지역마다의 순혈주의가 있어서 이 지역의 일은 이 지역의 기관과 업체를 통해 이 지역에서 하라는 것인데, 그렇게 구색을 맞출 수도 없고 특히, 수요기업을 다 갖출 수는 더더욱 어렵다. 더욱이, 대전의 수요기업은 엘지화학 정도 밖에 없다. 외부나 해외에 나가려고 하면 국내의 모든 자원과 인력과 시장을 모아서 컨소시엄을 구성해서 뭘 만들어가야 한다. 그런데 대전에서 하려면 대전 성과는 어떻게 되겠지만, 결국 큰 그림의 사업화 되는 것은 안 되는 것이다. 그래서 그때 대전에 있는 전문가들하고 회의를 많이 해서 '인바운드', '아웃바운드' 개념을 만들어냈다. 말하자면 "아웃바운드에서 튀어나온 것도 서로 교차하고 인바운드의 훌륭한 기술은 다른 곳으로도 가며 그래서 전국을 가리지 말자" 그래서 그때에 "예산의 50%를 넘기면 안 된다"라고 정했다. 그것까지 이끌어내는 데도 몇 년이 걸렸다. 지금은 그런 정보들이 많이 흘러나니까 별일이 없어도 우리가 회의하고 모집을 한다고 하면 열일 제쳐두고 온다. 나는 가급적이면 정보를 많이 공유하고 서로 터놓기를 바라지만, 그 사람들은 최소한의 정보만 주고, 나머지는 비즈니스때 얘기하기 위해 숨기고 싶어 한다. 보통 3단계가 있는데, 최소한으로 하고 비즈니스 때 덜하고 나머지 핵심은 숨기는 것이다. 그런데 이렇게 최소한만 가지고는 비즈니스가 안 된다. 그런데 그것 가지고 실마리를 잡는 것이다. 그것이 모아지면 종합이 되니까! 그래서 정보에 목마른 연구소장이나 CEO들이 우리 조합 T⁺2B 시연장에 많이 온다.

이런 과정이 반복되면서 신뢰가 쌓인 덕분에 T⁺2B 사업은 지난 8년간 800여개 수요기업과 제품거래 협력 1750건, 초도매출 980억 원으로 정부

소재개발연구자 워크숍

투자 대비 7배에 달하는 실적을 거뒀다. 투자 유치 590억 원, 양질의 고용 700명 달성이라는 부가 효과도 거뒀다. T^{+}2B 사업이 시행된 이후 대부분을 차지하는 중소나노기업 매출이 큰 폭으로 성장하고 해외 진출, 코스닥 상장 등 성과도 내고 있다. 수요기업 호응도 커 다른 산업 분야에서 벤치마킹 대상이 될 정도다. 좋은 성과는 정부의 지속적인 관심과 지원을 바탕으로 나노조합 직원들의 열정이 더해지고 나노기업과 수요기업 간 신뢰와 협력 분위기가 누적된 덕분이었다. T^{+}2B는 매개자 겸 포르모터, 제품거래 브랜드로 나노기업과 수요기업 간 미스매치를 해결하는 역할을 계속 할 것이다.

T^{+}2B 사업은 우수 나노기업 및 제품을 발굴하여, 나노융합제품 비즈니스를 촉진하기 위한 지원 사업이다. 나노기업은 국내외 전시회, 사업 홍보 등을 통해 발굴하고, 이후 선정위원회 평가 단계를 거쳐 T^{+}2B 사업에 참여한다. T^{+}2B 사업에서는 나노기업의 소재/부품을 수요기업 제품에 적용할 수 있다는 것을 제시할 수 있도록 시제품 제작과 국내 공인된 기관

으로부터 성능평가를 지원하고 있으며, 이후 국내외 신시장 진출을 위한 유망 산업 전시회 참가 지원, 국내외 수요기업과 기술/제품 거래 상담회, 투자 유치를 위한 IR 상담회, 나노융합 제품 홍보 및 수요연계를 위한 언론 홍보와 수원/대전 상설시연장 운영 등을 지원하고 있다. 그간 234개의 나노기업을 지원하였고, 시제품 제작/성능검증 지원으로 약 680억 원의 경제적 성과와 360여명의 신규 고용을 창출했다.

T+2B 사업은 보이지 않는 영역을 기반으로 하는 나노기술을 가시화하여 공급기업이 거래선을 손쉽게 찾을 수 있는 기회를 제공하고, 기업 간 거래 촉진을 통해 나노융합기업의 수익 창출 및 민간투자 촉진 등 산업 육성에 기여하여 나노융합제품의 산업화를 앞당기기 위한 기업지원을 위한 사업이다. 나노융합제품의 사업화 촉진을 위해 우수 나노융합제품을 발굴하여 수요연계 및 판로 개척 등 기업 간 제품거래 활성화를 꾀할 수 있었다.

산업 비즈니스는 T⁺2B 사업 상설시연장에서 일어나게 하자

《논어》에는 공자에게 제자 자로가 쓰임의 효용에 대해 묻는 대목이 나온다.

"대나무는 잡아주지 않아도 저절로 반듯하게 자라며, 그것을 잘라 쓰면 소가죽도 뚫을 수 있습니다. 이런 식이라면 꼭 배워야 할 필요가 있습니까?"

그러자 스승 공자께서 이렇게 대답하였다.

"화살 한 쪽에 깃을 꽂고, 다른 한쪽에 촉을 갈아 박는다면 박히는 깊이가 더 깊지 않겠는가."

기왕이면 다홍치마라고 제품을 알고 기능을 알면 나노기술은 훨씬 더 다양한 데에서 산업화가 가능하지 않겠는가. T⁺2B 사업 상설시연장을 연 데는 바로 이런 역할을 기대한 조합의 바람이 숨어 있었는 지도 모른다. 소재 혁신을 통해 전 산업에 걸쳐 활용이 가능한 나노기술. 하지만 어떻게 적용해야 하는지 그 방도를 찾지 못하는 경우가 적지 않다. 이를 해결하기 위해 우수 나노기술제품과 수요기업 연계를 위한 나노융합 T⁺2B(Tech To Biz) 상설시연장이 2011년 12월 5일 차세대융합기술연구원 2층에 문을 열었다. T⁺2B 상설시연장이 문을 연 것은 나노기술 발전에 비해 여전히 사업화가 부진한 데에 따른 현실적인 방안이었다. 정부는 2001년부터 나노분야에 약 2조 원 이상의 R&D 자금을 투입했으나 여전히 사업화 성과는 미흡하였다. 나노기술에 대한 수요기업의 이해가 부족한 데다 수요기업과 나노기술기업이 접촉할 기회가 적었기 때문이다. 지식경제부는 나노기술을 R&D 중심에서 사업화 촉진으로 방향을 바꾸고 T^{+}2B 상설시연장을 열게 된 것이다.

T^{+}2B 상설시연장에는 나노소재 제품부터 생활에 접목한 제품까지 다양한 우수 나노제품이 상시 전시되어 있다. 초기에는 석경에이티의 적외선 방지 필름, 몸에 부착해 건강신호를 원격 전송하는 솔미테크의 패치형 건강 측정기, 유해물질인 카본블랙을 나노기공 실리카로 대체한 친환경 타이어 등이 전시되었다. 수요기업과 나노기업의 사업화를 위한 만남의 장으로 만들어 나가며, 수요기업을 최종 공급기업과 연계시키기 위한 조합의 활동도 지속적으로 이뤄질 계획이다.

상설시연장을 효과적으로 운영하는 방법

상설시연장의 운영경험에 의하면 매년 초에 임원들이 바뀌어서 연말에는 그 사람들에게 나오라고 해도 안 나온다. 3월쯤 주총이 지나고 새로운 임원진이 갖춰지면 우리가 타임을 잘 잡아서 한 5월 초쯤 초청을 한다. 우리 입장에서는 어려운 게 뭐냐면 "줘보세요. 필요하면 쓸게요" 이렇게 하는 기업은 기술터치할 확률이 높은 기업이다. 그런 기업들은 한두 번 와서 보길래, 내가 오지 말라고 했다. 왜냐면 임원들은 자기 직을 걸어놓고 하는데 밑에 부장들은 그렇게 안 하고 보고할 때, 자기 성과만 올리는 것이다. 그래서 한두 번 와서 협력하자고 해서 다음에 올 때는 임원하고 만나게 하라고 해도 계속 미루는 것이다. 이것은 자기들 생색을 내기 위한 것이고 해봐야 기업들 피해만 주는 것이다.

엘지, KCC, 일진이나 한화 같은 기업은 무척 협조적으로 임한다. 주요 기업 임원들은 보통 5월경에 초대를 한다. 그때 내가 해야 할 일은 뭐냐면, 내가 잘 아는 사람이 CTO나 CEO가 되면, 연락을 해서 차 한 잔 마시고 오라고 하면, 한두 명 데리고 온다. 처음에 쭉 설명을 해주면, 그때는 자기도 못 봤고 임원들도 데리고 왔으니까 부담스러워 한다. 상황을 살피는 것이다. 그리고 나서 부장급 포함해서 열댓 명 오면 시연장에서 열명 정도가 설명을 듣는다. 그 정도면 설명이 잘 안 들리는데, 그럼 두 팀을 나눠서 시연장에서 설명도 하고 그러고 나서 좋은 제품을 발견하면 회사에 보고를 하는 것이다. 엘지 같은 경우는 그룹 연구소가 17개 있다. 연구소장을 다 모아서 하는 경우도 있다. KCC도 마찬가지인데 그 일이 무척 피곤한 일이다.

조합 일이라는 게 결국 사람을 상대하는 일이라 인적네트워크가 사라지면 좀 어려움이 있다. 그러니까 나노조합의 강점이 뭐냐면 우리가 과장 부장 때부터 신용하고 네트워크를 구축해 놓으니까, 이 사람이 승진을 하다보면 또 네트워크가 연결되는 것이다. 그래서 이것도 숙성이 필요하다. 그것이 T⁺2B 시연장이 발전했던 이유이다.

상설시연장에 내가 특별히 신경쓰는 것은 그 사람들이 두 번째 왔을 때 똑같은 것이 전시되지 않도록 항상 전시제품을 업데이트시키는 것이다. 여기엔 새로운 분야를 발굴해 새롭게 전시하는 것도 물론 중요한 일이다. 우리는 기업들이 만든 제품의 전시회 쪽을 많이 찾아다닌다. 국내의 해외 전시회를 많이 찾아다니면서 나노 해당제품이 뭐가 있는지 발굴해서 넣고 지원하고, 그래서 끊임없이 찾아다니고 서치를 많이 한다. 리서치를 많이 하는 것이다. 그런 것들이 기본이 됐고, 그래서 일류로 갈 꺼냐 안 갈 꺼냐의 차이도 그런 것 같다. 우리 직원들도 처음에 들어오면 입이 딱 벌어진다.

혹시, 밥알이 곤두선다는 버스 광고 보신 적이 있는가. 그 제품이 우리 쪽에서 개발한 것이다. 대유그룹이라고, 발열체를 개발하는 기업인데, 보통 밥솥은 코드를 꼽으면 밑에서 위로 열이 올라가는데 이것은 발열체여서 전체 몸통까지 열이 균일하게 퍼진다. 그래서 밥맛이 좋다. 어느 날 우리 직원이 회사에 시연 가서 보니까 정말 그 밥솥으로 지은 밥의 밥알이 서더라는 것이다. 그래서 광고 포인트를 '발알이 선다!'로 했단다. 그래서 대유유니아가 밥솥에 발열모드를 적용해서 금방 100억 올라갔다.

그리고 K2, 등산 브랜드의 신발, 여기서는 의류용 피트모드를 만들어서 적용했다. 별군데 다 들어가는데, 신발에 들어갈지 어떻게 알았겠나? 그 다음에 아주 극한대에는 발열 가지고 안 되지 않는가. 그래서 신발에 에어로졸을 적용시켰다. 에어로졸은 공기 중에 날라다니는데, 가공이 어렵다. 에어로졸을 잘 가두어서 포집해서 얇게 만드는 기술이 중요한데, 그 기술로 신발 깔창을 만들었다. 그래서 그 신발 깔창 정도 되면 에베레스트 등반하는데 냉기가 차단된다. 그리고 엔트리움이라는 회사가 있다. 나노소재를 합성해서 표면처리를 하는데 우리가 말하는 표면처리는 커봐야 눈에 잘 안 보이는 수준이다. 나노소재이고 K주로 방열, 즉 열을 빼내면서 코팅도 되면서 다목적 기능을 발휘한다. 핸드폰이 가장 문제가 뭐냐면, 속도는 빨라지고 배터리 용량은 한계가 있다는 것이다. 속도가 빨라지니까 열이 나고 열을 빨리 빼줘야 하는데 기존의 열 빼는 것 갖고는 안 되고 열을 빼면서 접착 기능까지 해줘야 된다. 그래서 그 기능을 하는 게 하나 있고, 또 하나는 지금까지 접착을 한다고 했을 때, 보통 제조과정이 까다롭다. 그런데 이 사람들은 스프레이식으로 하는 방식을 개발을 해서 응용했다. 지금은 직원이 80명쯤 된다. 그래서 기업을 하다보니까, 저렇게 되는구나 생각하고 있다. 그리고 융합기술이 참 어려운데 반도체나, 이런 곳에서 미래세정기술은 플라즈마이다. 플라즈마는 적합된 소스라고 한다. 적합된 기술을 개발하기는 어려운데 카피는 쉽다. 그래서 발전이 잘 안 된다. 이것은 실패사례인데, 플라즈마는 다들 중요하다고 한다. 중요하다고 해서 산업기술개발에서 만들고 6개월 동안 작업해서 들고 다녔었다. 우리 소관도 아닌데 그랬었다. 그럼 관계 없나? 관계는 있는데, 전부 다는 아니고 그게 기반기술이다. 기반기술은 국가가 해야 하는 기술이다. 누구도 안 하기 때문에 힘들었다. 그래서 졸업했다. 우리한테 달라는 것이 아니고 국가정책으로 해라. 우리가 그런 것을 마저 해주마 했다. 우리가 제조업 강국이고 제조업에서 가장 중요한 것 중 하나가 공해물질을 안 나오게 하는 것이다. 반도체 같은 데는 물로 씻기도 하지만 세정작업을 30회를 한다. 그러면 하나에 약품 100개 나오고 또 하나 나오고, 기본이 30번이다. 그러면 거기서 공해물질이 많이 나오게 돼 있다. 그래서 공해물질이 안 나오게 세정하는데 플라즈마 소재가 필요하다. 플라즈마는 제4의 물질이다. 액체, 기체, 고체의 성질을 다 갖고 있다. 그리고 플라즈마는 뭐에 쓰이냐면 저온이 수천도인데, 그래서 세정해서 날려버리는 기능을 할 수 있다. 물은 흔적이 있는데 플라즈마는 흔적이 없다. 그래서 참 좋았던 기술이었고 그 기술을 우리 쪽에서 나노에 접목시키면 좋았을 뻔했다. 우리나라는 아직 산업군이 전기, 전자, 화학 이렇게 큰 분류로 되어 있어서 4차 산업혁명 시대에는 기반시설이 중요한데 그쪽으로 옮겨간다는 것이 쉽지 않을 것 같다.

T^{+}2B 활성화 산업포럼

나노융합조합 한상록 사무국장

우리 조합에서는 시제품 개발/성능검증이 완료된 나노융합제품을 T^{+}2B 상설시연장 내 제품 시연을 하여, 수요기업과 공급기업 간 제품거래 촉진의 허브로 활용하고 있다. 365일 리틀 나노코리아 전시회로 불릴 수 있을 만큼 200여개 나노융합제품이 시연되고 있다. 주요 대·중견기업, 협력사, 협력기관 회원사의 CEO/CTO를 상시 초청하고, 관심 제품 정보를 제공하여 제품거래 상담회로 연계하고 있다.

T+2B 상설시연장은 매년 2회 리뉴얼 및 제품을 업데이트하고 나노소재를 직접 보고 체험할 수 있는 제품으로 시연하며, 보다 쉽게 이해할 수 있도록 제품모형, 3D 그래픽 영상으로 구성하여 제품 거래촉진에 도움이 되고 있다.

또한, 2017년에 대전 T+2B 상설시연장을 추가 구축하여, 국내 대·중견기업연구소들이 밀집해 있는 대전 및 대전 인근지역의 수요기업과의 성과 창출을 위해 노력하고 있다.

나노소재 수요연계 제품화 적용기술개발사업

"지난 10년 이상 나노기술기업들의 피나는 노력으로 현재 국내 나노소재부품은 바로 수요기업에 적용돼 시장에 진입할 수 있는 수준까지 올라왔습니다. 그러나 불황의 여파로 나노 중소·벤처기업들이 사업화에 있어 '죽음의 계곡(Valley of Death)'을 극복하지 못하고 하나 둘 사라지고 있는 가운데 이들 기업들이 가지고 있는 기술과 노하우가 시장에서 꽃필 수 있도록 하루라도 빨리 사업화를 지원해야 합니다."

나는 국내 나노산업 현장을 발로 뛰고 가슴으로 느낀 산증인으로서, 뛰어난 나노기업들이 제대로 된 매출을 거두지도 못하고 어느 순간 산업계에서 사라지는 것이 너무나 안타까웠다. 이러한 현상이 계속적으로 나타난다면 애초 나노산업 발전에 촉진자 역할을 하리라던 내 작은 다짐도 어느날 갑자기 사라져버릴 지도 모르겠다는 조급한 마음이 앞섰다.

무엇보다 나노기업들은 피나는 노력으로 세계에 유례없는 좋은 기술을 만들어놓고도 상용화의 높은 장벽에 막혀 번번이 큰 뜻을 접는 것이 안타까웠다. 나노융합기업의 기술이 시장에서 상용화에 실패하는 것은 대부분 중소기업으로서 수요처와 어플리케이션 찾기가 어렵다는데 있다. 특히, 나노기업은 소재기업이 50% 이상을 차지하고 있는데 원료 및 중간재 생산비중이 높기 때문에 융합제품화가 필수적이다.

우리는 고질적인 나노기업들의 장애를 해결할 수 있는 첫 번째 방안은 나노기업과 수요기업이 정보를 공유하고 사업화 방안을 찾을 수 있는 통로를 만들어주는 것이 무엇보다 시급히 해야 할 일이라고 보았다. 이를 위해 2003년부터 매해 '나노코리아'를 통해 비즈니스와 기술교류의 장을 마련한 뒤로 나노기업의 우수 나노융합제품을 상시 전시하고 제품거래 상담 등을 통해 수요처와 연계하는 '나노융합기업 T^{+}2B(Tech To Biz) 촉진사업'을 추진해오고 있다.

이러한 다방면으로의 노력에도 불구하고 나노소재 수요연계 제품화는 아직 현장에서 피부로 느낄 만한 효과를 거두기가 요원하다는 소재기업들의 안타까운 소식이 계속 들려왔다. 이에 우리 조합은 산업통상자원부에 제안해 나노기술 공급기업의 소재·중간재를 수요기업과 연결해 제품화하는 기술을 개발하는 R&D 사업을 맡아 주도적으로 관리·진행해 왔다. 지난 2014년 12월 1일부터 2017년 11월 30일까지 3년간 진행된 '나노소재 수요연계 제품화적용 기술개발사업'은 원천기술을 개발하는 R&D가 아닌, 1~2년 내에 최종제품을 만들고 매출을 창출하는 철저하게 상용화에 초점을 둔 사업이어서 나노 공급기업과 수요기업 들의 높은 관심을 이끌어냈다.

1단계 사업은 나노융합산업에서 가장 많이 출시되고 있는 탄소계, 금속계 복합소재 중 사업화 완성도가 높은 우수 나노제품을 대상으로 선정했다. 그 결과 10개 컨소시엄(나노기업+수요기업)이 높은 경쟁률을 뚫고 선정됐는데 △CNT솔루션-볼빅의 '고내구성과 정전기 방지 골프공 개발' △나노솔루션-LG디스플레이의 '고온내구성 코팅액을 이용한 디스플레이' △ 누리비스타-에이큐-펨스의 '인쇄전자 및 나노잉크 기반 전극 개발' △파루-대유위니아의 '은나노 면상발열필름 적용된 에어워셔' △동진쎄미켐-네원-아진-자동차부품연구원의 '차량 전장 시스템 고방열 모듈 케이스' △TNB나노일렉-PN풍년의 면상 발열체를 이용한 '레저 온풍기' △나노-보광직물의 '항균 유니폼' △알엔투테크놀로지-멤스솔루션의 '모바일 전자파 차폐시트' △스마트나노-별표비니루의 '그래핀 적용 자외선·열 차단 농업용 필름' △테라 하임-주성ENG의 '은나노세라믹컴퍼지트 적용 위생수도관' 등이다.

이번 수요연계 사업은 직접적인 매출 및 고용 창출 외에도 나노융합기술의 새로운 어플리케이션 적용 확대에 기여하고 있다는데 큰 의미가 있다. 제품화 성공 경험과 노하우가 객관적으로 인정받으면서 또 다른 제품화로 이어지는 선순환 구조가 정착되고 있는 것이다.

나노소재 수요연계 제품화 우수 성공 사례

대표적인 사례 중 하나는 파루-대유위니아의 협력을 통해 생산된 고성능 온열 에어워셔 및 밥솥이다. 2015년 12월부터 2016년 11월까지 1년간 과제를 진행해 이번 컨소시엄 중에서 가장 많은 약 106억7천만 원의 매출을 거뒀다. 파루는 은나노 잉크 제조기술과 발열필름 설계 기술을 바탕으로 은나노 면상필름을 제작했고 대유위니아는 이를 적용한 기구설계 및 금형을 통해 단기간에 제품화에 성공했다. 이러한 제품화 성공을 기반으로 파루의 은나노 면상 발열체는 L社의 냉장고에 적용되는 성과를 거두기도 했다.

나노솔루션과 LG디스플레이의 협력으로 탄생한 고온내구성·전도성 코팅액이 적용된 디스플레이 패널은 국내 자동차회사의 네비게이션에 적용되면서 약 7억5천만 원의 매출이 창출됐다. 개발된 디스플레이 패널은 L社 대면적 전자칠판용에 적용을 논의 중이며 2017년 베트남 플라스틱 전시회에 출품돼 베트남 기업에 판매되기도 했다.

CNT솔루션과 볼빅이 제품화에 성공한 고내구성·정전기 방지 골프공은 올해까지 약 80억 원의 매출 창출이 기대되고 있다. CNT솔루션은 이번 제품화에 적용된 CNT(탄소나노튜브) 마스터 배치와 정전기 방지용 코팅소재를 가습기 및 비데 히터, 발열방석 등에 확대 적용해 또 다른 상용화 성공사례를 이어가고 있다.

면상발열체 분야의 (주)TNB나노일렉은 고효율 캠핑용 온풍기를 개발했다. 이 온풍기는 기존 온풍기 대비 40% 이상의 에너지 효율 향상과 산소 저감 효과 없이 겨울철 밀폐된 텐트 내부에서 사용이 안전한 제품이다. 지난 2월 개발을 완료하여 초도 매출을 달성하였으며, 가을·겨울시장에 대규모 판매를 위해 제품양산과 마케팅을 추진중이다.

향균소재 분야의 (주)나노는 세탁을 하여도 항균성능(99.9%)이 저감되지 않은 원단과 의류를 개발하여, 대학병원 및 군복, 경찰복 등으로 납품중이다. 본 제품은 나노 티타니아에 은나노입자를 광증착하여 세탁내구성이 크게 향상되어, 최근 급증하고 있는 전염성 세균·바이러스로부터 2차 감염을 방지하는 효과를 발휘하고 있다. 병원과 군복 등 납품을 통해 새로운 판매처를 점차 넓혀가고 있다.

사업화 연계의 대표사례에는 엔트리움의 성공사례도 있다. 엔트리움은 나노소재 합성, 표면처리 기술을 보유한 회사이다. 2013년 지원 당시 10명 미만의 스타트업 기업으로 자금과 인력 모두 부족한 상황이었다.

T+2B를 통해 '언더필' 형태의 시제품/성능검증 지원과 홍보지원을 받아 신규거래처 확보 및 성공적인 제품 거래를 이루었다. 또한 해외 전시 참가와 IR 투자 상담회를 통해 3건의 투자 유치가 이루어졌다. 이후 SK하이닉스로부터 나노소재분야 혁신기업으로 선정되어 미래 신산업인 5G 통신반도체용 소재기술 및 반도체 패키지 기술개발을 추진하고 있다. 현재 코스닥 상장을 준비하여 나노기업의 비즈니스 모델이 되었다.

오는 2020년까지 추진 중인 2단계 사업에서는 나노기술기업과 수요기업이 함께 제품화를 추진할 수 있도록 '나노소재 수요연계 제품화 적용기술개발사업(산업통상자원부, 2014년 12월 ~ 2017년 11월)'을 통해 시제품 제작과 성능평가 비용을 지원하고 있다.

2017년 수요연계사업에는 △인텍나노소재-㈜인테코의 '나노 금속 산화물을 이용한 친환경 기능성 필름' △㈜케이엔더블유-남양화학공업의 '나노소재를 적용한 열제어 도료' △㈜비에스피-㈜비에이치의 '무접착제 2층 FCCL용 동박막 제조를 위한 나노소재 공정' △㈜그린폴리머-덕양산업-나노기술의 '알루미나 나노복합소재를 적용한 전기자동차용 배터리 커버 부품' △㈜에이티-벽두도어의 '30분 이상 차열성을 가진 차열방화문용 나노실리카 내화단열심재' 등이 선정돼 제품화가 한창 추진 중이다.

이처럼 국내 나노융합산업 상용화의 씨앗을 심은 나노소재 수요연계 제품화 적용기술개발사업은 2017년부터 2022년까지 5년간 지속 추진된다. 이번 사업은 지원범위가 전 나노소재 범위로 확대됐으며 매출극대화형, 품목지정형 등으로 지원유형이 다양화됐다. 또한 미래 소재의 변동성이 예측되는 분야인 웨어러블, 차세대 디스플레이, 고급 가전 등의 수요를 발굴하고 해외 판로 개척도 지원될 계획이다.

나는 수요연계사업의 중요성에 대해서 기회 있을 때마다 힘주어 강조하곤 했다. 수요연계사업은 나노융합기업들이 소재의 상용화에 애로를 겪고 있는 상황을 제품화로 결실을 맺을 수 있도록 사업화 끝단에서 지원함으로써 실질적인 매출 창출에 기여하는 소중한 사업이다. 이를 보다 적극적으로 구현하기 위해 조합은 사업에 참여한 기업들이 포화된 내수시장을 벗어나 동남아시아 등 새로운 수요시장에서 미래 먹거리를 찾을 수 있도록 적극적인 지원을 연계해 나가야 한다.

나노기업은 수요기업이 원하는 물성 및 성능 등 맞춤형 기술을 개발하고 수요기업은 나노 소재부품 적용을 위한 설계 및 공정개선 등 최적화 적용기술을 찾는데 도움이 되고 있다. 아무리 좋은 소재와 어플리케이션이 있어도 나노기업과 수요기업이 서로 요구하는 성능에 차이가 있는데다, 기존 공정을 바꾸거나 개선하는데 업체의 부담이 크기 때문에 자발적으로 제품화를 추진하는 것은 쉽지 않은 일이다. 결국 이 문제를 해결할 수 있는 것은 정부의 지원을 통한 나노기술·수요기업들의 사업화 물꼬를 트는 것이 가장 효과적인 해법이 될 것이다.

나노업계의 제품 상용화는 우리 주력산업과 신산업 경쟁력 강화를 위한 열쇠이며 이를 위해선 보다 긴 안목으로 대화와 협력이 필요하다. 지금 국내 나노 소재부문은 바로 상용화가 가능할 정도로 수준이 높아졌지만 나노기업의 제품 스펙과 납기 준수 등에 대한 인식 부족으로 제품화에 실패하는 경우가 매우 많다. 따라서 자사가 보유한 기술의 장단점을 확실히 파악하고 수요기업과의 많은 대화를 통해 단점을 보완하고, 수요기업

나노람다 파코팩

도 혁신을 위해선 나노소재부품 적용을 기피하는 보수적인 자세를 바꿔야 한다. 무엇보다 나노기술산업이 고무적인 희망을 보이는 것은 나노소재 제품화 사업에 신소재 적용에 소극적이던 대기업 1, 2차 벤더들이 하나둘 참여의 폭을 넓히고 있고, 나노소재의 적용처가 더욱 확대되고 실제 매출이 발생하면서 새로운 나노 사업화 성공모델이 속속 늘어나고 있다는 것이다. 나노는 늘 불확실성을 확실하게 헤쳐나갔던 나노산업인들의 지혜와 용기가 빛을 발하는 순간 더욱 확장된 선순환의 경험이 있는 산업 분야이다. 그리고 그 긍정적 선순환은 이제 막 성장의 발판을 딛고 올라서기 시작했다.

나노융합적용사례 & 기업스토리

엔트리움(주)

엔트리움㈜은 어떤 회사?

엔트리움㈜은 나노/마이크로 소재 합성 및 표면 처리, 미세입자 코팅, 페이스트기술, 필름, MEMS/NEMS 공정 등 나노/마이크로 소재 및 공정 기술을 기반으로 기존 한계기술들을 극복하는 신제품을 시장에 출시하여 더욱 안전하고 편리하고 행복한 인류의 삶을 실현하는데 기여하는 회사이다.

엔트리움㈜이 보유한 기술 및 그 기술의 차별점

엔트리움㈜은 반도체의 고/저주파 전자파 동시 차단 소재 기술을 확보한 세계유일의 기업이다. 엔트리움㈜의 고주파 전자파 차단 기술은 스프레이 방식의 페이스트 소재가 글로벌 반도체 업체와의 협업을 통해 세계 최초로 양산 인증을 확보하였고 향후 성장 잠재력을 인정받아 기술혁신 기업으로 지정되었다.

이 반도체 저주파 전자파 차단 소재 기술은 글로벌 스마트폰 제조사를 통해 세계 최고의 전자파 차단 성능 구현 및 양산을 위한 패키지 신뢰성을 확보했으며, 현재 해당 회사에 저주파 반도체를 공급하는 글로벌 반도체 업체와 협업 중으로 세계 최고의 저주파 전자파 차단 성능 재확인 및 양산 기술 확보했다.

이러한 반도체 패키지의 전자파 차단 기술 및 고주파 차단 스프레이 소재 기술로 글로벌 업계에서 가장 기술력 있는 소재 회사로 인지도를 높여가고 있다.

정부지원 또는 T^{+}2B사업에서 가장 만족스러웠던 점

T^{+}2B 지원사업을 통해 초기 개발비용에 대한 부담감을 줄이고, 과감하게 시제품을 제작 및 평가하면서 단기간에 제품 승인까지 달성할 수 있었다. 또한, 지원사업을 통해 초기 개발 비용을 절감하면서 제품 가격 경쟁력도 확보할 수 있었다. 앞으로도 사업화에 애로를 겪는 많은 중소·벤처 기업들이 본 사업에 많은 지원을 받았으면 한다

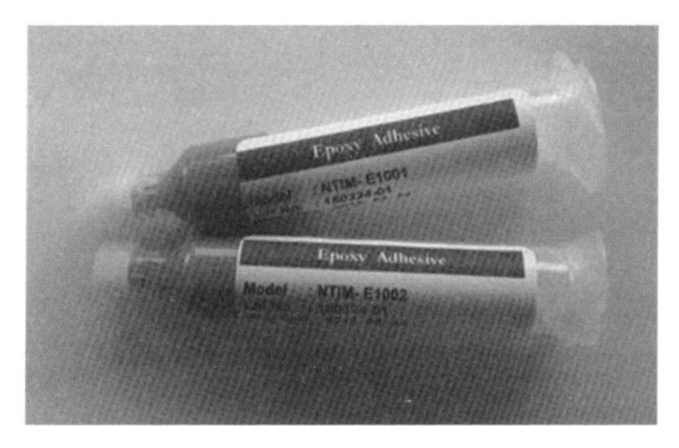

2013년 지원 시제품 – 언더필 필러 소재

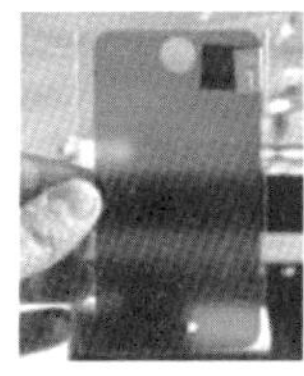

2019년 지원 시제품 – 프라이버시 필름

향후 기업의 성장 계획 및 제품개발 계획

엔트리움㈜은 2017년 3월 SK하이닉스에서 나노소재 분야의 혁신기업으로 선정되어 나노소재 기반의 5G 통신반도체용 고방열 절연소재 원천기술 및 반도체 패키지 레벨 EMI Shielding 기술개발을 추진하고 있다. 그리고 이미 저주파의 주파수 대역별, 차폐 두께별로 각각의 솔루션 개발을 완료하여 2020년 실제품 적용을 목표로 모바일용 반도체 고객과 상용화를 위한 최종검증단계에 와 있다. 앞으로 엔트리움㈜은 나노소재를 통한 첨단 융합소재기술을 선도하는 국가대표 기업이 되도록 노력할 것이다.

나노융합적용사례 & 기업스토리

㈜에이티

㈜에이티는 어떤 회사?

㈜에이티는 나노실리카 등 무기질소재를 활용한 고성능 불연단열재 제조기술을 보유하고 있으며, 주 생산 제품은 경량단열블록과 나노실리카기반의 불연단열재이다. 이를 활용하여 고성능의 건축용·산업용 불연단열제품 공급해 화재에 안전하고 에너지를 절감하며 환경친화적인 사회 조성에 기여하고자 한다.

㈜에이티가 보유한 기술 및 그 기술의 차별점

㈜에이티는 나노실리카 등 무기질 소재를 활용하여 경량, 불연, 단열, 발수, 내구성 등을 동시에 구현하는 복합소재 제조기술과 이를 용도에 적합한 형상으로 성형가공하여 제품화하는 기술을 보유하고 있다. 이를 통해 기존 유기질단열소재(스티로폼, 폴리우레탄폼 등)의 단점인 화재에 취약하고 내구성이 낮은 점을 개선하고, 광물질 단열소재(글라스울, 미네랄울 등)의 한계인 낮은 단열성 등을 극복할 수 있었다.

또한, 기술 특성상 원재료 배합비율의 조절, 소재의 가감 등 응용을 통해 새로운 제품 개발이 가능한 높은 확장성을 가지고 있다.

나노실리카 불열단열재

㈜에이티가 보유한 기술을 통해 개발된 제품들

건축용 경량단열블록

기존 건축용 벽체로 주로 사용되는 콘크리트벽돌 보다 무게는 1/3로 가볍고 단열성능은 6배 우수하다. 흡수율은 1/2 수준으로 습기에 강하고, 쪽매구조의 디자인과 접착제를 사용하는 건식공법이 가능해 높은 성능과 동시에 벽체 시공시간과 비용을 크게 절감할 수 있는 제품이다. 이 제품은 특허청 우수발명품 선정, LH공사 우수신기술제품 선정, 중소벤처기업부 성능인증, 조달청 벤처창업혁신조달상품 선정 등 기술 및 품질성능의 우수성을 인정받았다.

나노실리카불연단열재

㈜에이티의 나노실리카 불연 단열재는 단열성능이 기존 단열재 보다 30% 이상 높아 에너지 절감 효과가 크고, 적용범위가 영하 150~영상

1,000℃로 매우 넓고 고온에서도 열적변형이 없어 일반 건축용·산업용 단열재뿐 아니라 LNG저장시설이나 산업용 爐 등 초저온, 초고온의 특수 용도로 사용이 가능한 제품이다.

이 기술을 적용하여 개발에 성공한 차열방화문은 국내 최초로 내화, 단열, 결로방지 성능을 동시에 구현할 수 있다.

㈜에이티의 제품화에 끼친 T+2B 사업의 역할

시멘트에 실리카를 적용하면 나노분말이 시멘트 입자 간 공극을 채워 결합력을 높여 강도가 개선되는 효과가 있으나 친수성 실리카인 경우 흡수성이 높아지는 문제를 야기한다. 이를 해결하는 개발과정에 T+2B사업의 시제품제작 및 성능평가 지원을 통해 친수성과 소수성 실리카의 입자크기와 배합비율의 균형, 다른 원료와의 배합순서, 배합조건 등 최적화하는데 지원을 받아 사업화의 어려움을 덜 수 있었다. 그 결과 콘크리트제품 보다 흡수율이 1/3 수준인 블록 개발에 성공하였고 이 제품은 수요기업으로부터 결로와 곰팡이방지 효과가 탁월한 것으로 평가받았다.

T+2B 시제품 지원사업을 통해 실시한 공인시험성적서와 LH공사 우수신기술 제품 선정 등 레퍼런스를 구축해 공공건축공사의 설계단계 반영을 위한 마케팅활동에 집중하고 소형공사 수주로 마케팅을 추진하였다. 그 결과 제품의 우수성은 인정하는 환경은 조성되었고, 최근 내진특등급 기준인 세종 반곡고 신축공사를 수주하는 등 10여 건 수주에 성공하였다.

나노융합적용사례 & 기업스토리

㈜파루

㈜파루는 어떤 회사?

태양광 추적시스템, 인쇄전자소재 및 부품, 스마트 공장을 보유하고 있으며, 주생산 제품은 양축 및 농어촌 태양광용 핵심부품인 슬루 드라이브를 포함한 태양광 센서 인식기술을 구현한 추적식 구조물이다. 현재는 신사업분야인 인쇄전자사업부에서 고전도성 나노융합소재를 적용한 필름히터를 냉장고에 적용해 국내 글로벌 가전업체에 공급하고 있다.

㈜파루가 보유한 기술 및 그 기술의 차별점

㈜파루의 보유기술은 인쇄전자 기술력인 소재합성, 회로설계, 인쇄공정기술을 보유하고 있으며, 전도성 잉크를 직접 개발 및 생산함으로써 잉크젯, 에어로졸, 정전분사, 코팅, 패드, 그리바아, 스크린 등의 여러 인쇄장비에 최적화한 소재를 합성하여 이를 최적화하여 적용할 수 있다. 특히 은나노 전도성 잉크는 전기전도성과 분산 안정성이 우수하고, 생산성이 높아 타사 대비 가격 경쟁력이 있다. 회로설계는 다양한 변수를 조율하여 내부 설계법에 의해 최적의 저항을 구현할 수 있다. 롤투롤 그라비아 장비를 이용하여 인쇄공정에 맞는 잉크제조기술과 회로 설계 노하우는 우리 기업만이 보유한 기술이다.

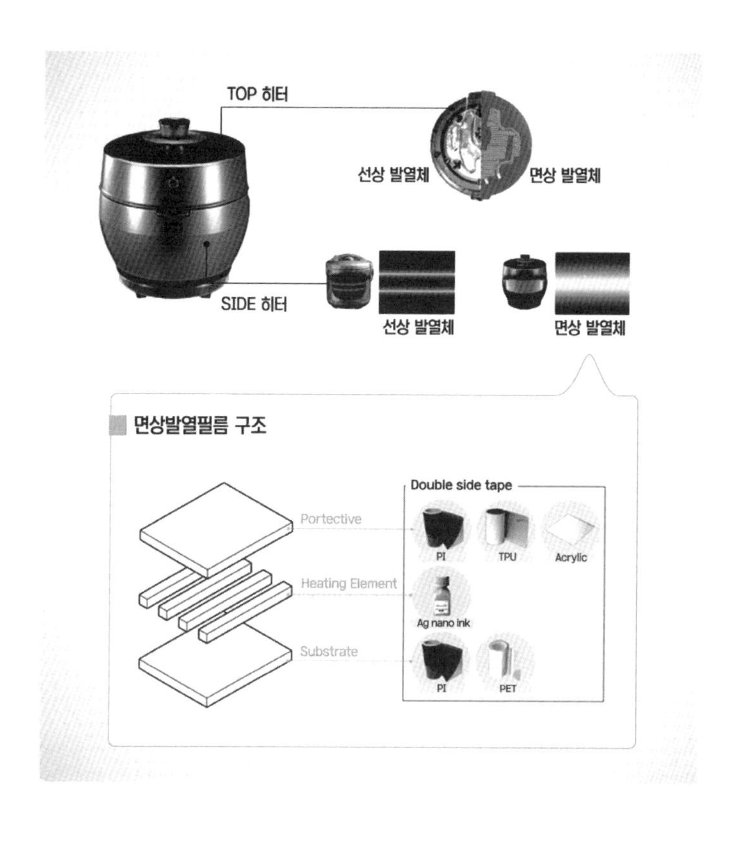

㈜나노조합의 T⁺2B 사업화로 얻은 성과

많은 실패를 통해 경험치를 축척하면서 기술개발이 진행되고 있으며, 실제 나노잉크를 이용한 인쇄테스트 등과 같이 예산을 많이 필요로 한다. 그래서 나노조합의 사업화 지원 프로그램은 나노기술에 특화된 지원으로 기술개발의 시행착오를 줄이고, 다양한 수요처의 제품성능 수요를 파악하는데 도움이 되었다.

특히, 가장 대표적인 지원사례는 자사의 면상발열체가 적용된 대유위니아 밥솥이 있다. 백종원씨 광고로 유명해진 본 제품은 자사의 면상발열체로 인해 '밥알이 선다' 홍보로 면상발열체의 강점을 극대화한 제품이다. 조합의 사업화 지원사업을 통해 수요처의 요구에 맞는 면상발열체를 개발하였고, 새로운 필름히터 적용분야를 적극적으로 찾아 고객의 니즈를 만족하는 제품들을 꾸준히 개발해 올 수 있었다.

향후 기업의 성장 계획

당사에서는 인쇄기술로 자동차, 선박, 의류 등 전사업분야에 걸쳐 신기술과 신제품들을 개발해 나갈 것이다. 2018년부터 INKO 브랜드의 온열제품을 파루의 인쇄필름히터를 적용하여 출시하게 되었다.

중부의 핵심 나노융합기지, 대전 T⁺2B센터

'08년 12월 정부는 세계적인 기술 융복합화 추세를 고려하여 나노융합산업의 중·장기적 육성전략 및 원천융합기술·혁신제품 창출 등의 구체적 전략을 담은 '나노융합산업발전전략'을 수립하였으며, 이를 정부(안)으로 채택하고 세부 실행계획 수립을 추진하였다. 핵심 5대 분야, 5대 부문을 대상으로 총 13개 세부과제에 대한 중·장기적 추진 전략을 수립하여 매년 20% 내외의 시장 확대('15년 2.95억불)가 예상되는 세계 나노융합 시장에서 선도적 시장창출을 위한 정부의 공동 노력이 반영된 전략이다.

이러한 정부의 노력과 기조에 따라 '09년 2월 대전광역시는 지역·제반적 이점을 부각하여 정부 및 관련 유관기관과 함께 향후 대전 지역을 나노융합 산업의 기능적 메카로서 자리매김 하겠다는 정책적 의지를 천명하였다.('09년 2월 '나노융합 산업 Hub 도시 대전 선포식' 개최)

해당 사업은 대전 지역의 전략산업 및 나노융합 산업에 대한 현황 등 산업구조의 분석, 대전 지역의 연구개발 환경 및 투자환경 등 혁신역량 분석, 기존 나노융합 산업분야에 대한 정책 추진 현황과 육성전략에 대한 정책분석을 통해 대전 지역의 나노융합 산업 현황을 분석하고 나노융합 산업 발전역량에 대한 SWOT 분석 및 시사점을 도출하는 것으로 사업내용이 구성되었다. 또한 대전 지역의 나노융합 산업의 비전 및 목표, 추진

전략 등을 혁신역량 및 산업구조, 연구개발 환경 등 타당성 분석을 통해 제시하였다.

대전광역시는 나노종합기술원과 한국전자통신연구원, 한국기계연구원, 한국화학연구원, 표준과학연구원, 한국과학기술원 등 나노기술개발을 위한 연구기반 시설 및 우수 전문인력을 보유하고 있는 과학기술 특화 지역이다.

대전은 참 특이한 동네다. 비즈니스를 중심으로 한 축에서 보면, '어떻게 저렇게 기술만 가지고 사업을 하려 하나?' 하는 생각이 들 때가 많다. 기술중심이다. 그러면 잘되겠거니 생각을 하는데, 우리가 가면서 많이 도와줬고 성과도 나니까, 지금은 자리를 잡았다. 아쉬운 것은 이 코로나 시대가 되다보니, 온라인상에서 대화를 좀 더 많이 하는 쪽으로 하고있다. 우선 수요가 공급기업을 만나게 하려고 하니까, 눈에 볼 수 있는 것을 만들고, 비즈니스 관점에 맞는 기업제품만을 참여하게 했다. 두 번째는 성능평가를 하기 위해서 시제품이나 성능평가에 기업 수혜를 하기 위해서 제3의 공인인증기관으로부터 공인된 성능평가를 해서 신뢰성을 더 했다. 그리고 양쪽에 부동산중개인처럼 조정해서 서로 싸움이 안 나도록 이해시켰다. 그러니까 좋은 얘기는 직접 하고, 불만사항은 우리한테 해라, 이것이 기본이었다. 그렇게 해서 우선 서로에게 편하게 했었다. 지금 현재는 밀양에 크게 나노단지가 하나 있는데 아직 완성이 안 됐다. 거기는 아직 기업들이 없는데 우리에게 오라고 해서, 제품이 나와야 가겠다고 했다. 그런 정도로 우리 쪽에 목말라하고 있는 상태다. 그래서 그동안의 통계를 보면, 234개 나노기업를 지원을 했고, 시제품 제작평가지원으로 680억, 투자금이 700억 정도 되고 고용은 366명이었다.

또한 대전테크노파크는 나노소재 제조지원시설을 보유하고 다양한 기업 지원 사업을 수행하고 있다. 아울러 나노융합산업통계조사에 의하면 수도권 다음으로 많은 나노기업이 연구/생산활동을 하고 있는 지역이며, '20년에 대전 지역 나노기업 현황을 조사한 결과 약 290개사가 소재하고 있는 것으로 파악되어 양적으로나 질적으로 경쟁력을 갖추고 있는 지역 도시이다. 그러나 연구소 기업/기술기반의 소기업이 많아 자본 및 홍보·마케팅 능력이 취약하고 사업화에 드라이브를 걸 수 있는 기업역량이 다소 부족한 것이 현실이었다. 지역 인프라기관의 R&D역량도 높고 우수한 연구개발 성과들이 있으나, 나노-수요기업 간 연계 및 홍보·마케팅과 같은 개발 제품의 사업화를 지원하는 전문기관 부재로 중소기업의 사업화 지원을 담당할 수 있는 기관의 필요성도 절실한 상황이었다.

이러한 여건 속에서 2016년, 조합은 대전시에 T⁺2B 사업을 소개했고, 대전시는 즉시 지방비를 편성하여 2017년부터 매년 10억 원을 매칭키로 하고 2017년 4월, '대전 나노융합 T⁺2B센터'를 개소하였다.

'대전 나노융합 T⁺2B센터'에서는 대전 지역 기업을 근거리에서 집중 지원하고 있으며, 제2의 상설시연장을 구축하여 현재 대전기업 40여개사의 제품을 전시하고 수요기업과 연계의 장으로 활용하고 있다.

대전시 나노산업 담광 공무원들의 Needs 충족

대전시에서는 지역 내 우수한 연구개발 성과를 바탕으로 나노기업 제품의 사업화가 활발히 이루어지고 강소 나노기업으로 성장하길 바라는 상황에, 이를 위해 조합에서 수행하는 T⁺2B 사업은 기업의 완성도 높은 소재부품을 필요한 수요기업과 적시에 매칭하여 지역 산업의 발전 및 고용 촉진을 유발해주는 사업으로 대전시의 needs를 충족시키기에 충분했다. 대전 지역 나노기업 30여개사로 구성된 대전 분과포럼을 연간 4회 내외 운영하고 있으며, 동 포럼 내에서 나노기업 간에도 supply chain이 형성되고 상호 사업화 성공 사례를 공유하고 벤치마킹하는 과정들을 볼 수 있었으며, 수많은 국내 수요기업들과의 상담 연계, 국내외 전시 마케팅 지원 등의 활동을 열성적으로 진행하여 대전시에서는 조합을 꼭 필요한 기관으로 인식하고 많은 사업들을 함께 수행해 나가길 기대하고 있다. 일례로 대전시에서 먼저 새로운 사업을 함께 해보자고 제안을 하기도 하고, 조합 본사가 대전으로 내려오면 안 되겠냐는 제안을 수 차례 받고 있다. 이렇듯 조합은 사업화 전문기관으로서 대전시의 인정을 받고 믿음을 바탕으로 나노기업의 사업화를 위한 활동을 충실히 해오고 있다.

중점을 두고 활동하고자 했던 센터 운영철학

나노기업이 가장 원하는 것은 여타 영리기업과 마찬가지로 개발한 제품을 수요처에 납품하여 매출을 발생시키는 것이다. 이에 사업화 자금 확보를 위한 투자 유치 등 다양한 활동을 진행하고 있지만 무엇보다 수요처와의 연계에 중점을 두고 있다. 즉, 우리가 하고 싶은 것, 하기 쉬운 것을 하는 것이 아니라, 기업이 원하는 것, 어려워하는 것을 해소해 주는 것이 가장 중요하다고 생각하고 있다. 국내외 전시회에 기업의 수요를 받아 함께 출품을 하기도 하지만, 나노분야의 수요처가 될 수 있는 기업이 많이 방문하는 코팅코리아 등 일부 전시회에는 조합 부스만 설치하여 수요기업을 발굴하는데 집중하기도 했다.

또한 대전 분과포럼에서도 수요기업과의 연계를 지원코자, '19년 한해만에도 네패스, JNTC, LG계열사인 로보스타 등 국내 중견기업들과 연계의 장이 되도록 진행하는 등 나노기업이 원하는 수요기업과의 연계를 최우선으로 생각하고 노력하고 있다.

대전 T+2B센터의 성과

그간 대전 T+2B센터의 활동과 노력을 통해 지원 기업의 '17년 제품거래 매출 12억 원, 협력계약 체결 18건, 고용 39명 수준에서, '20년 제품거래 매출 24억 원, 협력계약 체결 29건, 고용 38명으로 전반적으로 지원 성과가 늘어나고 있다. 아울러 최근 그간 지원기업 대상 성과분석 결과를 보면 지원기업의 평균 매출액은 전년도 대비 13.4%가 증가했으며, 평균 종업원 수 또한 3.2%가 증가한 것으로 나타났다. 연간 4회 내외 운영하고 있는 대전 분과포럼에서는 전체 참여기업 30개사 중 과반수 이상이 꾸준히 참여하는 등 기업의 호응도도 매우 높은 상황이며, 대전시에서도 조합의 활동에 대해 관심이 높아, 분과포럼뿐 아니라, 지원기업 선정위원회, 성과발표회, 기업 현장 방문 등 대부분의 행사 및 활동에 참여하고 있다. 특히 이러한 자리는 공무원과 기업과의 소통의 창구가 되어 산업계 현장의 애로를 청취하고 현황을 파악하는 기회가 되고 있어, 나노융합산업 육성을 위한 정책 수립에 도움이 될 것으로 기대하고 있다.

나노융합산업연구조합과 산업기술연구조합에 대해서

산업기술연구조합의 역사는 길게는 서양 중세시대의 길드까지 간다. 길드는 독일, 영국이 모태고 동업자끼리 모아서 중세장인조합 같이 출발했는데, 그 당시에 독일이 일본하고 상당히 긴밀했다. 일본에는 '산업기술연구조합'이라는 제도가 있다. 우리하고 차이가 뭐냐면, 다 똑같은데 산업기술연구조합 일을 하다가 나중에 발전하면 스핀오프 되서 회사를 만들 수도 있고 주체가 될 수도 있다. 두 번째는 '산업기술연구조합'이 R&D를 하려면 인력, 시설, 장비 등을 갖추어야 주최가 된다. 그런데 우리나라 연구조합은 그 당시 이상희 과학기술처장관이 일본 제도를 보니까 쓸 만하다고 해서, 법을 만들고 시설/장비 없이도 '산업기술연구조합'이 되면 R&D 관련 과제를 수주할 수 있게 했다. 물론 연구조합에 가면 그런 것들을 할 수 있는 능력을 검토하지만 시설의 유무는 안 물어본다. 그래서 연구조합들이 많이 생겨나게 되었다. 80년대에서 90년대까지, 대학도 그렇게 개별적으로 없었고 연구소도 그렇고, 결합을 하거나 컨소시엄 만드는 역할들을 안 했었다. 그런데 지금은 연구소도 규모가 몇 배 커졌고, 대학도 몇 배가 커지고 산업도 커지다 보니까, 90년대 말부터는 대학의 연구소 사람들이 산업계 쪽으로 오기 시작했다. 그래서 현재는 산업계 일을 하고 있는데, 산업기술 쪽으로 돼 있다. 과거에는 이것저것 안 따지고 기초기술을 다 했는데, 지금은 조금 달라졌다. 나노연구조합은 나노 분야에 해당되는 산업연구조합인 것이다. 그래서 회원사, 인력실, 장비를 우리 소유로 본다고 해서 같이 컨소시엄을 구성한다.

최근 정부 R&D 효율성 향상을 위해 공공연구기관(출연연) 논의에 이어 R&D 중간조직의 역할 및 미션 재정립에 대한 필요성이 제기되었다. 또한, 국과위 출범, 출연연 블록펀딩/선진화 추진을 계기로 연구조합과 전문연의 성과 창출을 극대화 할 수 있는 역할 및 기능 재정립의 필요성도 함께 제기되었다. 이에, 나노융합산업연구조합은 최근 환경변화에 대응 가능하며, R&D 중간조직의 기능 관점에서 산업기술연구조합의 이점을 활용, 다양한 역할을 수행할 수 있도록 구체적인 실행방안(법/제도 개선, 新사업 등)을 마련하는 연구기획 사업을 추진하였다.

우리 조합은 기업 중심의 R&D 수행주체를 회원으로 보유하고 있어 수요 지향적인 R&D 기획 및 수행주관에 매우 적합하다. 또한 조합은 연구주체들 간의 협력의 주관자로서 기술의 첨단화와 융·복합화에 따른 기술교류, 기반 구축, 인력 양성 등의 역할 수행에 적합하다. 기타 R&D 성과물에 대해 시장 개척(전시회 및 국제 교류회) 및 마케팅 지원 활동 등을 통한 사업화 촉진 지원기관으로서의 역할 수행이 용이하다. 우리 조합은 주로 산업기술개발 수요가 있는 중소·중견기업들로 회원이 구성되어 있어 연구조합을 통한 중소·중견기업 육성정책 수행에 적합하며 대-중 기업 간 R&D 수행 시 총괄주관기관으로서 효율적 R&D 수행에 필요한 다양한 역할을 할 수 있다. 즉 대-중 기업 간 상호 갈등 요소 해결 및 중소기업의 입장을 고려한 제3자 조정기관으로서의 중재자 역할에도 적합한 기관이다. 따라서 우리 조합은 민간 연구주체의 자율적 회의기구·구심점이므로 연구수요 및 업계 애로사항, 문제점 수렴 등에 최적의 기관으로 역할을 수행할 수가 있다.

우리나라는 지역주의와 진영논리가 가장 큰 문제라고 지적되어오고 있다. R&D와 사업화에서도 이 두 가지 극복해야 할 병폐가 상존한다. 이는 지역순혈주의와 기관순혈주의이다. 특정 지역을 대상으로 하거나 해당 지자체의 R&D 예산이면서 협약주체가 그 지역 기업이거나 소재연구기관이어야 한다. 이게 순혈주의이다. 그런데 어느 한 지역에서 모든 걸 갖추고 있는 경우는 매우 드물다. 그리고 잘 아시다시피 우리 경제는 수출에 의존한다. 다시 말해 글로벌 경쟁력이 기본이라는 인식이 필요하다. 또한 특정 기관이 R&D과제를 수주하면 그 기관이 거의 독식하다시피 하는 경우도 있다. 현실적으로 이러한 순혈주의는 순기능도 있고 역기능도 만만치 않다. 결국 과제의 구성이 전국을 대상으로 해서 우수한 인력과 시설 그리고 실적을 겸비하는 이들이 같이 참여해야 과제종료 시에 제대로 된 성과가 나올 수 있다. 기술적으로 우수하지만 사업화가 안 된다면 무슨 의미가 있겠는가. 그 전형적인 예로 러시아를 들 수 있다. 러시아를 기술선진국으로 분류하는 데는 주저함이 없지만 기술사업화 강국으로 부르기에는 많이 주저하게 된다는 사실을 유념하였으면 좋겠다. 특히 과제책임자는 전국의 인재를 포섭하여 참여할 수 있게 하는 덕망을 겸비했으면 더욱 좋겠다고 생각해왔다.

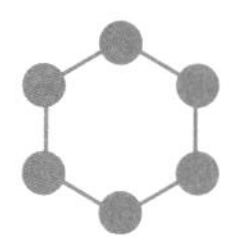

나노인의 나노인을 위한 나노융합산업을 만들어라

정부과제 R&D, 보자기처럼 묶어야 성공할 수 있다

R&D의 기본 전제는 사람이다. 우리나라가 메이저가 있으면 메이저를 떠받치는 부품소재기업이 있다. 예를 들어서 현대자동차면 현대모비스 같은 일차 밴더가 있는데, 여기까지는 수요기업이다. 근데 중소벤처기업에서는 현대자동자에 접근이 안 된다. 그래서 우리가 R&D 기획을 해보면 일차 밴더(수요기업)와 R&D기업(공급기업)을 한 자리에서 미팅하고자 갖은 노력을 다한다. 물론 R&D 기획이 어느 정도 무르익고 최종 기획보고서를 마련하기 직전에 미팅을 갖게 된다. 회의를 하면 대부분 원만히 잘 끝난다. 잘 돼서 기획을 하고 출발을 하는데, 두 번, 세 번 더 진행하다 보면 판이 짜지고 누가 전문가인지 윤곽이 드러난다. 대부분 중소기업은 사장이 오고 대기업들은 보통 연구소의 부장들이 온다. 처음에는 몰랐던 것인데, 친해지다 보니 전화가 왔는데 "이렇게 하면 어떻게 하느냐?"는 항의전화가 걸려온다. 이런 문제의 원인은 대개 대기업 위주의 진행이 빚은 오류일 경우가 많다. 같이 공동개발을 하는데 대기업 위주로 기획을 진행하니까 나중에 가서 납품하고 하는 것이 중소기업에는 비즈니스 모델이 없었다. 두 번째 돈을 배분하는데 역할에 맞게 배분하다보면 중소기업 역할이 작으니까 돈도 작게 돌아갔다. 기업이 그 당시 최소한 2억 정도는 받아야 사내에 주목을 받고 일을 할 수 있는데, 몇 천 만 원 받아서 혼

자서 진행하는 경우가 많았다. 그래서 나와 같이 기획을 진행하면서 나와 친해지니까 그런 문제들을 내게 따진 것이다. 이때 내가 해야 할 일은 이런 상황을 중소기업 담당자와 허심탄회하게 나누고 전체 큰 틀을 설명하여 적극적인 참여를 요청하고, 그리고 개선방안을 만들어보겠다는 약속 등으로 과제참여에 대한 기대를 높여가는 것이었다.

정부과제를 하는데 가장 큰 목적이 뭐냐도 중요한데, 대기업의 임원이 결정해서 하는 사업은 그때그때 따라서 드롭되기가 쉽다. 그런데 정부과제를 시작해서 중단하게 되면 여러 가지 페널티나 불이익이 있기 때문에 웬만하면 가야 된다. 그래서 성과를 내야 했다. 그래서 정부과제를 진행할 때는 각각의 비즈니스 모델을 찾고 역할 분담을 시켰다.

두 번째 정부지원금 배분비율과 절대액에 대해 매우 민감하게 반응한다. 나는 그럴 때마다 대기업 담당자에게 "최종적으로 최대이익을 보는 사람은 당신인데, 거기에서는 상징적인 돈만 가져가면 되지, 중소기업 돈까지 다 가져가면 어떡하느냐?"고 중소기업 입장을 고려하는 대안을 얘기했다. 그러다보니 술도 먹게 되고, 그걸 위에 가서 얘기하고 납득시키고, 그런 판을 짜는데 시간이 꽤 걸렸다. 그런데 시간이 사람을 현명하게 만든다고, 나와 함께 일했던 부장했던 친구들이 상무가 되고 전무가 되면서 그들과 직접 통화를 할 수 있는 위치가 되었다. 그렇게 해서 일은 범위가 넓어지고 직접 통해서 편하고 좋았던 것이다.

나노기술의 중간자 역할을 자임했던 내가 조합 일을 하면서 꼭 지키고자 했던 원칙은 첫째는 소재기업에게 비즈니스모델을 찾아주자는 것이었고, 둘째는 자금배분을 합리적으로 하자는 것, 셋째는 정부 돈을 따서 사업을 유치하자는 것이었다. 무엇보다 정부 돈을 유치하려는 사람들이 많은데 이런 컨셉을 가지고 일을 진행하다 보니 큰 어려움 없이 사업이 잘 진행됐다.

그 다음으로 내가 신경 썼던 부분은 직원들의 능력이 제대로 발휘될 수 있도록 좋은 직원을 쓰고, 더 좋은 직원으로 성장시키도록 하자는 나름의 다짐을 했었다. 실적이 훌륭한 사람 또 인품이 훌륭한 사람 등등 사람을 잘 찾아서 쓰고 그것이 조금 미흡하면 대화도 하고 그렇게 하나의 작품을 만들어나가자는 생각을 했다. 특히 인적 구성과 역할에 대해서 굉장히 신경을 썼다. 그래서 그것이 일 년이 지나고 보면, 내 의도대로 어느 정도 방향이 맞아가는구나 생각되면 결과가 보였다. 이게 안 맞으면 '이 과제는 그냥 평균하고 말아야겠다, 너무 애쓰지 말아야겠다'라고 생각하게 된다.

내가 생각하는 나노융합 발전의 핵심 조건은 인적 구성과 미래, 기술 그리고 팀웍이었다. 산학연 관계자가 됐든 직원이 됐든 나노는 서로 간에 도와주고 배려해주는 팀웍이 제일 중요하다고 경험적으로 깨닫고 이를 실천하려고 했다. 그런 조직을 만들기까지가 일 년이 걸렸고, 1년 안에 팀웍이 제대로 꾸려지는 팀웍형 조직은 끝에 가서 결과도 좋았다 특히, 담당자들이 자주 바뀌는 곳은 잘 안 됐는데, 담당자들이 바뀐다는 건 뭔가 내부적으로 잘 돌아가지 않는 걸 의미했다.

어렸을 때 보면서 자란 사랑방은 아늑하고 품격 있는 광장이었다. 아낙네의 수다와 정보가 빨랫터였다면, 남정네들의 정보창구이고 집단지성이 형성되는 곳이 사랑방이다. 그런 점에서 사랑방은 정취가 그윽하다. 또 다른 기억으로는 나이가 지긋하고 동네에서 돈 좀 있는 한 어르신이 와서 밥도 먹고 가는 곳이다. 사랑방 주인이 아랫목에는 앉겠지만, 사랑방 주인이 항상 주인행세는 하지 않는다. 사랑방 주인은 그날의 손님이 누가 왔는지 보는데, 주로 그 사람들은 누가 음식을 가져와서 나눠 먹는다든가 아니면 혼사를 한 사람이라든지, 이렇게 특별한 얘기를 하는 사람들이 있다. 그 중에 한두 사람이 좌장처럼 재미있게 얘기를 끌고 가는 사람이 있는데 사랑방 원주인하고 이 사람들이 공동주인이다. 절대 혼자서는 못 한다. 그래서 사랑방 주인은 주인이 정해져 있지 않다.

나는 나노융합사업을 사랑방처럼 운영하고 싶었다. 사무실에 회원사 코너가 있으며 회원사들이 와서 창업할 수 있게끔 했다. 그런데 지금은 우리나라가 어떻게 됐느냐면, 굉장히 입맛이 고급스러워지고 규격화되고 까다로워졌다. 옛날에는 보자기같이 감싸주고 포용해주는 것들이 분명히 긍정적으로 조직을 단단하고 강하게 결속했는데 지금은 보자기같이 감싸고 끈끈해지는 정이 많이 약화된 것 같아 아쉽다. 물론 뛰어난 개인도 옳지만 전체적으로 보면 아닌 것들도 있다. 그럼에도 우리가 참 훌륭했던 건 초창기 멤버들이 헌신을 많이 했고 그래서 나는 기본이 사랑방이든 보자기이든지, 우리가 노력한 것의 70%를 하면 최상이라고 생각한다. 그런데 70%를 가지고는 만족을 못 한다. 그러니까 70%가 나중에 100%가 되려면 150%를 해야 되는 것이다. 그러다보니 나와 함께 일하는 직원들은 힘들다고 수군거리는 걸 잘 알고 있다. 그래도 내 신념은 변함이 없다. 왜냐하면 사랑방도 실력이 없으면 뒷방지기 신세를 면치 못하기 때문이다. 나와 인연이 있는 모든 사람들은 실력 있고 인격이 훌륭한 꽤 괜찮은 사랑방 손님이 되어야 한다. 그래서 나는 지금도 성장에 목마른 욕심 많은 언트러블 메이커이다.

조합은 연결자이고 조정자이며 협상가로서 촉진자가 돼야 한다

20여년을 나노조합을 이끌어오면서 경험적으로 나노조합인은 필연적으로 조정자여야 하고, 협상가여야 하며, 연결자와 촉진자의 역할을 수행하는 사람이라는 생각을 해왔다.

나노조합의 역할은 조정, 협상, 연결, 촉진의 네 가지 키워드로 축약할 수 있다. 각 항목이 별개로 진행되는 경우도 있고, 나노코리아 & T+2B처럼 종합적이고 상시적이며 각 단계별 상황별로 전개되는 경우도 있다. 이는 개별 주체들의 탐색비용을 절감하는 효과가 매우 크다. 일부는 나노조합이 당사자인 경우도 있지만, 대체로 양 당사자가 있고 그 사이존재로서 연결자, 협상자, 조정자, 촉진자의 역할을 해왔다. 각 항목별로 개념과 대표적 사례를 들어본다면 기본은 needs를 seeds로 연결하는 매개자 역할이다. 이 매개자는 나노조합이 쌓아올린 신뢰의 플랫폼이 유용하다. 나노조합은 상황에 따라 연결자, 협상자, 조정자 및 촉진자로 변신한다. 그리고 성과중심의 목적을 가지고 그 역할에 충실한다.

먼저 연결자(match maker)의 역할이다. 조합은 먼저 관찰, 의견수렴, 조사와 전망을 통해 대상 아이템을 선정한다. 수요기업의 needs를 seeds가 파악되어 연결가능성이 높아진다고 생각되면 실행에 옮긴다. 준비에서 성사까지 대략 6개월 정도 기간이 소요된다. 이를 좀 더 세분화하면 대형 연결과 맞춤형 연결로 나눌 수 있겠다.

대형 연결의 사례는 나노코리아 우수기술발표회로서, 사전에 공급기술을 공지하고 이를 본 수요자가 응모하여 상호간에 관심분야에 대한 온라인상의 의견교환을 한다. 이어 발표를 진행하고 후속 상담으로 들어간다. 이때 양 당사자가 은밀하게 상담할 수 있는 장소와 조합담당자가 배석(양측이 동의할 경우)하여 주요 관심사와 상대방의 의견을 정리하고 후속 피드백을 한다.

맞춤형 연결은 조합 주관의 별도 장소에서 한정된 공급기업과 수요기업을 연결하는 방식이다. 1대 다면, 라운드방식으로 진행하는 경우도 있고, 수요기업인 대기업연구소의 임원과 담당이 한자리에 모인 가운데 기술거래, 제품거래를 원하는 공급기업이 순번을 정하여 발표하고 토론하는 경우도 있다. 때로는 벤처캐피탈이 참여하는 IR발표회도 있다. 이때는 캐피탈리스트들이 매출과 경제성 그리고 기술의 사업성들을 집중 질문한다. 이를 통과하면 벤처캐피탈사들 2~3개가 연합하여 투자를 하게 된다.

다음으로 협상자(negotitor)의 역할로, 먼저 상황인지와 협상대상자를 선정하는 것이 중요하다.

첫 째, 협상대상자는 보완관계이어야 한다. 경쟁관계 또는 대체관계인 대기업 간의 협상은 실패할 가능성이 매우 높다. 따라서 이는 지양해야 한다. 결국 단기간 내 가시적인 협상을 위해서는 시장 진입력이 강한 대기업과 특정기술력이 뛰어난 중소벤처기업을 연결하여야 한다.

두 번째, 나노조합이 직접 협상자로 나서는 경우도 있다. 매년 개최되는 나노코리아에 나노조합의 전시회와 심포지엄의 강의는 나노코리아라는 브랜드에 걸맞는 나노융합제품과 최신연구를 발표하는 강의 간에 지향하는 방향성이 같아야 시너지가 있다. 사례를 든다면, 젊은 과학자들이 발표하는 포스터세션 설치에 관한 것이다. 포스터세션은 내용을 보면 심포지엄 강의장 인근에 있는 것이 연결성이 강하다. 하지만, 목적에 비추어 본다면 우수신기술과 우수인력을 채용하고자 하는 기업Zone에 위치하는 것이 보다 성과를 높일 수 있다. 이에 포스터세션을 전시장에 위치하게 하고 있다. 이 경우는 상대방의 숨은 욕구(홍보효과와 취업기회)를 현재화한 것이다.

세 번째, 조정자(coordinator)의 역할이다. 조합의 조정자 역할은 크게 컨소시엄형 R&D과제를 추진할 때와 정부과제 출품 시로 나뉠 수 있다.

먼저 컨소시엄형 R&D과제에서는 역할 분담, 사업비 배분, 과제책임자 선출, 사업화 성공 시 이익배분 기준과 아이템 등이 매우 첨예한 부분이고 당사자 간 조정에 맡겨둘 경우, 대기업 위주로 기준이 정해지는 경우가 많다. 그렇게 되면, 컨소시엄이 형식적으로 구성되고 이에 따라 각 각의 비즈니스모델이 매력 없는 경우가 많게 된다. 조합은 이러한 각자 플랜이 전체에 도움이 안 된다는 공통인식을 형성해나간다. 그 다음에는 컨소시엄형R&D가 사업화 성공에 목적이 있음을 상기시키고 이를 위해 컨소시엄에 있어서의 역할 분담과 사업비 배분 그리고 각각의 비즈니스 모델을 컨소시엄 멤버들의 의견을 받아 정리한다. 이에 각자의 입장을 듣고 이를 상대방에게 전달하여 어느 정도 분위기가 되었다고 느껴질 때 전체 모임을 가져 이를 조정한다. 대개 2~3차례 회의를 거치면 조정이 된다. 이때 비공식회의를 통해 설득과 양보안을 도출하는 것이 조합 몫의 물밑

작업이 된다.

정부과제 R&D성과관의 출품기관은 산업부 산하 산업기술평가관리원, 과학기술부 산하 연구재단이다. 이는 각 각 부처를 대표하는 평가/성과관리 전담기관으로 소명감도 높고 자긍심도 높다.

네 번째, 촉진자(facilitator)로서의 역할을 들 수 있다.

나노분야 중소벤처기업은 기술력이 높다. 그리고 그 분야도 전기전자 분야를 비롯해 바이오진단, 자동차경량화소재, 골프공소재 등 매우 다양하다. seeds측면에서는 신산업 창출에 필수적인 핵심기술이다. 그럼에도 수요기업이 요구하는 사업화에 부응하지 못하는 경우가 많다. 가장 많은 사례가 수요기업이 요구하는 성능평가성적서가 자사기준인 경우가 많아 신뢰성에 미흡하다. 또한 지적재산(특허) 등록이 되지 않은 출원에 머물러 있는 기술을 가지고 사업파트너를 찾는 경우도 있다. 이러한 경우 사전에 검토하여 부족한 신뢰성 또는 권리성을 확보하도록 하고 있다.

대부분 초창기 T+2B 사업의 수요연계 및 성능평가 사업을 신청하는 중소벤처기업들이 흔히 저지르는 실수이다. 이를 기술경영 측면에서 진단해주고 필요 시 수요기업의 의견도 전달해준다. 이제는 나노분야 중소벤처기업들이 일정 학습기간을 거쳐 대부분 사업계획의 완성도가 높아졌다.

구성원은 리더의 자양분을 먹고 자란다

나는 성공할 때까지 했다. 나노산업은 그만큼 절실하고 뚜렷한 목표가 있었기에 오늘의 세계 4위권의 나노강국을 이룰 수 있었다. 우리는 그만큼 집요해야만 했다. 그러나 집요함 못지않게 중요한 것이 또 있다. 바로 온유함이다. '온유'는 내 인생의 좌우명이기도 한데, 그것은 참을성을 가져야 한다는 것과도 같은 맥락이다. 물고기가 바늘을 물도록 강제할 수 있는 사람은 없다. 그저 낚싯대를 드리우고 물고기가 미끼를 물도록 기다려야 한다. 그런 의미에서 리더의 최고 미덕은 인내와 느긋함인지도 모른다.

조직 전체가 한마음 한뜻이 되기 위해서는 기다림 속에서 오래도록 정성을 쏟아야 한다. 달걀을 스스로 깨고 나오면 병아리가 되지만 남이 깨주면 프라이가 되는 것이다. 핵심은 위에 있는 사람들이 밑에 있는 조직이 자율적으로 움직일 때까지 설득하고 기다리며 분위기를 조성하는 것이다. 강제로 하면 반드시 뒤로 돌아간다. 이것이 타율적(他律的) 변화와 자율적(自律的) 변화의 차이이다.

진인사대천명(盡人事待天命)이라고 했다. 어떤 어려운 일이라도 모든 힘과 모든 지혜, 모든 정성을 모으면 이루지 못할 것이 없다.

조직의 시너지는 구성원 개개인의 합보다 더 큰 역할을 할 수 있다고 믿고, 조직의 잠재역량이 현재화 될 수 있도록 은근과 끈기로 불을 지펴 줘야 한다. 그러면 조직원들은 어느 날 분명히 열정을 불러일으켰다.

열정은 성취를 먹고 성장한다

직원 채용에 대한 남다른 속사정이 있었다. 서울과 수도권은 상당히 다른 면이 있다. 서초구 우면동에 있을 때에 공고를 내기도 하고 추천을 받기도 했다. 그렇게 교수들한테 추천받은 사람들은 다 괜찮았다. 그리고 수원으로 넘어오면서 그 당시 서울하고는 응모하는 사람들이 많이 다르다고 생각했다. 서울은 무조건 채워지는데, 수원은 쓸 만한 사람이 안 오니까, 공모를 해야 했다. 그래서 2011년 수원 오면서부터 공모를 했다. 조직을 이끌어가야 하는 리더의 입장에서 보면 우리나라 교육의 문제에서 비롯되는 젊은이들의 유연하지 못한 사고가 눈에 들어오곤 했다. 요즘 젊은 친구들은 부정적인 사회현상을 보고 듣고 자라다 보니 리더는 늘 갑질을 하는 사람이라고 생각하는 것 같았다. 그런 친구들을 리드한다는 게 생각처럼 쉽지는 않았다. 그 과정에서 나도 그들을 잘못 이해해 헷갈리는 부분도 있었다. 구성원이라는 것은 어쩔 수 없이 리더의 자양분을 먹고 자란다. 내가 보는 한국의 젊은이들은 대학을 나오고 취업의 문을 두드리는 같은 20대라고 하더라도 본인의 자질이 기본이겠지만, 정착하는 환경도 무시를 못 한다. 취업의 문을 통과한 신입사원들이 정착하는 환경 즉, 존중하고 배려하는 직장의 토양이냐 아니냐에 따라서 성장의 차이가 많이 다르다. 특히 조직규모가 크든 작든 간에 유언비어통신이 왔다 갔다 하는 문화가 발달된 곳에서는 조직이 안 커진다. "카더라"라고 하는 유언

비어를 책임감 없이 유포하고 줄서기하고 또 리더를 안주 삼아서 씹어대는 그런 문화가 성행되는 곳이 꽤 있다. 관계를 부정하는 것은 아니지만 항상 보면 내가 모자란 부분도 있고 과유불급인 것 같다. 그래서 나는 '카더라 정신'을 막기 위해서 특별히 누구와 친하게 지내지 않고 그런 피해를 막기 위해 노력했다. 그리고 조직의 시너지라는 것은 어느 한 사람이 특출나다고 잘 되는 것이 아니다. 구성원 개개인의 합보다 전체의 합이 큰 역할을 할 수 있는 시너지가 되어야 한다고 생각했다.

"개발에 땀 난다"라는 말이 있는데, 잠재역량이 튀어나오면 열정이 불을 켜고, 열정은 성취가 되면서 전염성이 강해서 조직 전체에 협력분위기가 올라가는 조직으로 발전할 수 있다. 그래서 내가 리더를 맡은 이상 업무단위의 팀을 벗어나 조합의 모든 일이 자기 일이라는 감성을 불러일으키기 위해서 노력을 많이 했다. 한마디로 나무를 보지 말고 숲을 보자는 것이었다. 그래서 전체 직원이 7명 내외일 때는 내부협력을 하되, 모든 해결은 외부협력으로 하는 약간 이원적인 체계로 했으며, 성숙되지 못한 조직체계로 리드했다.

조합에서는 2006년이 굉장한 분기점인데, 나노기술전략지원단이라는 것을 맡게 되면서, 2012년까지 과제 수도 많아지고 직원들의 경험도 많이 늘어나면서 대외적인 위상도 올라가게 됐다. 이런 때가 인적 네트워크가 많이 형성되는 시기이고 2012년까지 한참 그런 역량이 쌓였던 시기였지 않나 생각한다. 그때 가장 든든했던 것이 '임원사 기획실무자회의'였다. 이 회의는 임원사의 기획실무자들이 해당 과제를 조율했다. 조합의 업무가 과제 중심이니까 과제가 들어왔는데 맡느냐 마느냐를 검토하고 나노코리아에게 협조를 요청하는 역할을 하는 회의체였다. 그렇게 될 수밖에 없었던 것이, 나노조합은 원래 정부측 요구에 부응해서 만들었지

직원들과 회의장면

만 기본골격은 민간기업이 합심해서 만든 조직이었다. 사단법인이고 정부에서 직접 돈을 지원한 조직은 아니다. 그런데 나노제품 중에서 End-Products(최종제품)으로 부품, 소재를 지향하고 산업화하는 수요기업이 있으니까, 자연스럽게 산업체의 구심체로 성장하게 되었다. 나노코리아가 성장해가면서 자금여력이 있으면 직원을 뽑고, 좀 더 여력이 생기면 사무실을 넓히는 선순환 과정을 겪어왔다. 처음에 R&D 구성에는 1, 2년 정도가 걸렸고 컨소시엄 구성해서 정부과제에 응하기 시작했으며 EUVL, 차세대신기술 사업, 씨앤티 소재기술화 사업 같은 과제를 해서 초기의 어려움을 이겨냈다. 300%가 넘었던 퇴사률도 조합이 안정화되면서 어느 정도 정리가 되고 안정적으로 운영이 가능한 상태까지 왔다. 이때부터 연구개발도 과제에 집중하게 되었고 그게 하나의 축이 되었다. 또 하나의 축은 2003년부터 산업부, 과기부 공동주최하는 나노코리아 국제심포지엄 전시회 개최를 총괄 주관하면서 돈 2, 30억 갖고 움직이는 조직에서 100억짜리 과제를 세 개 정도 움직이는 조직으로 성장했다. 나노업계에도 변방이 있었는데, 나노코리아를 만들면서 우리가 중심축으로 하고, 다 감싸서 울타리로 들어오게 되었다. 이 과정에서 일본 나노텍이 우리에게 상당한 도움을 줬다. 일본 나노텍에 협력업체를 구성해서 전시에 참여하고 상호 협력과 시너지를 냈다. 일본이 7월에 열리는 한국 나노코리아 전시에 참석을 하면 우리가 답례로 다음해 4월 일본을 방문해 나노제품을 출품하곤 했다. 한번은 나노텍 관계자들이 한국에 왔을 때, 제주도 주상절리에서 네 명이서 두 시간 정도 낚시배로 유람했는데 너무나 좋아하며 오랜 우정을 나누기도 했다. 그래서 2003년부터 2019년까지 한일관계가 그렇게 나빴음에도 불구하고 우리는 파트너십으로서 우정을 나누는 관계였고 이번에 내가 그만 둔다고 전했는데 왜 같이 그만 두지 먼저 그만 두냐고 불만이 많았다.

조합이 비약적인 성장을 하게 된 데는 2003년 나노코리아 개최가 큰 역할을 했는데, 이것이 계기가 돼 대한민국의 자타가 공인하는 나노산업화 촉진기관을 구성하고 구심체로 달려왔다. 또 국가적인 정책 집행의 실행기관으로서 명실상부하게 중심축이 되었다. 나노조합과 나노연구협의회의 사무국장을 겸임했을 당시엔 나노업계에서 나름대로 파워가 강했다. 2011년 이후에는 T+2B 사업이 본격 추진돼서 조합이 자금에 여유가 좀 생겼다. 조합이 어느 정도 본 궤도에 올랐다고 판단한 이사회에서는 사업화지원팀을 신설하고 정책기획팀을 분리해서 총 4개팀으로 개편하고 사무실도 수원으로 이전을 했다. 그때 나노기술연구협의회는 양재에 남고 우리만 왔다. 2006년부터 12년까지 나노코리아가 비약적으로 크기 시작했다. 해외협력도 들어오고, 산업화 촉진장이 되면서 국제전시회가 됐고 그때 팀장들이 고생을 했고 나도 많이 바빴다.

나노조합은 비무장지대다

우리의 파트너인 전문가집단은 이공계 빅5에 드는 사람이 많다. 이공계 빅3라고 하면 서울대, 카이스트, 포항공대이고 빅5라고 하면 성균관대, 한양대가 추가된다. 그래서 이 사람들이 각자가 빅5이기 때문에 각자 추진은 해도, 상호협력해서 아젠다를 만들거나 국가적인 일을 서로 협력해서 공동추진하지는 않는다. 누군가 대장이 되면 그 프로젝트에 나머지는 잘 안 들어가는 식이다. 그래서 우리 나노조합이 비무장지대라는 표현이 있는데, 말하자면 너도나도 체면 안 상하고 무기 풀어놓고 실제 일하는 것이 나노조합이라는 비무장지대였다. 기업 입장에서는 우호지대이지만 대학연구소에서는 비무장지대였다. 그래서 한 대학에서 주도하면 다른 데는 잘 안 참석하고 또 다른 그림을 그린다. 예를 들면, 나는 인프라 사업을 구축할 때 나노종합텍은 카이스트, 나노기술은 성균관대와 한양대, 나노융합기술은 포스텍. 이렇게 딱딱 정해졌고 그리고 분화시켰다. 그런데 인프라라는 것은 나노장비가 구축되는 것인데 아무리 돈이 많아도 인력도 있고 모든 장비를 구축할 수가 없다. 특성에 맞게 구축하고 결집을 해야 하는데, 우리 같은 제3의 섹터에서 나노조합이 구상하고 설득하고 나노코리아에서 협력을 하게 했다. 그게 발전을 해서 나노인프라협의체라는 기구가 하나 생겼다. 사무국이 하나 생겨서 잘 협력하고 장비도 교환하고 서비스센터도 서로 연결시키고 이런 역할들을 한 것이다. 장비가 효율화된 것이다. 장비는 기본이니까 더 늘릴 필요도 없고 있는 장비 쓰고 스케줄 조정해주고 했었다. 이해를 돕기 위해 뜬금없는 내 급여출처를 밝히고자 한다. 나의 급여는 전적으로 나노연구조합에서 지급되어 왔다. 2001년부터 나노연구조합의 급여를 받았다. 겸임하고 있는 나노연구협의회로 부터는 급여를 받지 않았다. 이유는 그렇게 많이 주지도 않겠지만 내가 두 군데서 받으면 두 군데 다 요구사항을 받아야 될 것 같았다. 그런데 공평타당하게 주도적으로 일을 하려면 누구에게나 자신만만하게 소신껏 대해야 했다. 그러기 위해서 가장 기본이 되는 것이 도덕성이어야 한다고 나는 생각했다. 당시 협의회는 대학교수들이 주축이고 연구자들이 있는데 굉장히 사람마다의 의견이 달랐다. 그럼 거기서 할 것 안 할 것 의견을 채택해야 하는데, 내가 거기서 급여를 받으면 안 되겠다고 생각했다. 대학교수들이 자기들이 하는 말이 있다. "물고기 줄서기가 쉽지 대학교수들 줄서기 쉽지 않다" 그래서 급여는 조합에서 받고 협의회는 재능기부를 했다. 대신 몸은 정말 힘들었다. 사람들 상대하는 것이 원래 힘든 일이다. 그런데 좋았던 점은 기관 간 갈등소지가 원천적으로 내 뱃속에서 소화돼버린다. 왜냐하면, 이 일을 할 때 이렇게 많은 이해관계자들이 있는데, 이것만 현실적으로 가능하고 효과적이다 판단이 서면 "합시다" 하고 설득을 해서 양 기관이 상호협력하는 것, 상생하는 것으로 일을 끌고 나가서 짧은 시간에 비약적인 발전을 했다. 그렇게 하다보니까, 거기서 또 분화된 게 있다. 나노정책센터라고 하는데 나노정책기능만 떨어져 나와서 하는 것이 있다. 내가 2011년에 오면서, 내 역할이 차츰차츰 나노조합이 T+2B로 갔으니까, 전체를 종합하는 기능은 사실 좀 약화됐다. 그래서 전문성은 제곱이 됐으나 일관성은 줄어든 그런 상태고 앞으로도 그렇게 될 것 같다.

R&D기획팀, 전시 · 국제협력팀, 사업화지원팀의 역할

지금 상태는 코로나와 더불어서 일종의 각자도생의 시대가 왔다. 지금은 각자 살아있는 것이 중요하다. 조직은 처음엔 4개팀이었는데, T+2B센터가 생기면서 정책기획팀이 자연스럽게 없어져서 지금은 3개팀으로 구성되어 있다.

R&D기획팀은 시기적으로 과제공모와 접수 그리고 기획기간이 정해져 있다. 지금도 2021년도 과제 3개를 동시에 준비하고 있다. 그러면 과제 하나당 보통 기획위원들이 15명 내외인데, 그 멤버를 구성하려면 나중에 과제를 땄을 때의 각자 역할분담까지 생각해야 한다. 15명 정도 되는 사람 중에서 핵심 몇 명의 역할이 있어야 한다. 그런 것들을 염두에 두고 해야 하니까 판을 짜는 게 굉장히 중요하다. 그래서 R&D기획팀 3명의 인력이 각각 R&D 컨소시엄을 구성하게 된다. 그리고 기획팀에서는 산업체와 연구소 또 기획인력을 회사차원에서 추천하는데 이때 중요한 것이 데이터이다. 평소에 운영하고 있는 전문가를 활용해서 분야별로 전문가 교섭에 들어가야 하는데 이때 손발이 부족할 경우도 많다. 이런 경우는 R&D팀이 핵심이 되고 거기에 외부의 TF팀 형태로 구성한다. 처음에는 서너 명, 그 다음에 7, 8명 그리고 판을 본격적으로 짜면 15명 정도가 투입되는

것이다. 그래서 초기에는 굉장히 많은 인력이 되니까, 인력 접촉을 많이 하고 그 다음에 컨소시엄을 구성해서 하려고 하면 전문가들의 평판도 중요하다. 이때 전문가의 평판은 두 가지만 체크하면 된다. 하나는 객관적인 실적, 두 번째는 정성적인 평가, 즉 사람하고 어떻게 화합하고 협조하는 사람인지를 검토해야 한다. 이렇게 컨소시엄 구성에 적합한 전문가인지를 체크해 보는 것이다. 컨소시엄과제는 리더십과 멤버십이 그 성패를 좌우한다고 해도 과언이 아니다. 그래서 컨소시엄 구성 시 참여자의 정성적인 평판이 굉장히 중요하다.

그 다음에는 R&D와 경영지원을 한 팀으로 묶었다. 경영지원은 주로 회계나 총무 이런 쪽인데 R&D하고 묶은 것은 R&D는 일하는 시기가 집중적으로 겨울에서 봄까지 바짝 하고 나머지 시간들은 상대적으로 좀 여유가 있다. 그런데 회계팀은 연중으로 꾸준히 돌아가는 팀이니까, 시간을 조금 빼면 되는 것이다. 그래서 회계 담당자는 여기저기 들락날락 할 수가 있는데, R&D 일은 업무상 조율이 가능해서 같이 하게 했다. 그런데 R&D와 회계는 업무는 이질적인데, 한편으로 보면 돈의 흐름을 알면 그 회사의 집중도가 보인다. 회사의 재무 상태도 좀 봐야 한다. 또 하나는 R&D 과제를 하게 되면 항상 정산을 하게 되는데 이런 걸 경영팀에서 봐줘야 하니까 회계담당자를 꼭 붙여줬다. 그래서 업무집중도가 다르다. 그것을 활용을 했고, 협조체계를 구축을 했다.

그 다음에 전시분야는 영리추구인데 돈을 벌어야 된다. 돈 버는 기업이 나와야 된다. 나노연구조합은 특별법에 의한 비영리 사단법인이다. 그런데 영리사업을 할 수 있는 예외규정을 두고 있는데, 사람들이 전시 쪽은 다 예외적으로 해서 영리사업을 하는 기관들이 많다. 가장 기본이 나노코리아이고 그리고 나노전시의 경우에는 산학연구관 연구성과 확산이 가장 중요하다. 확산이 돼야만 수요기업이 관심을 가지고 나노소재를 채택을 하든 말든 할 것이기 때문이다. 나노소재 연구성과가 확산돼 산업계에 알려지면 관심 있는 기술을 필요로 하는 기업에 매칭시키는 역할이 중요하다. 사업파트너를 찾거나 특허를 이전하거나 특허와 같이 공동사업하거나 기술거래가 이루어지거나 이런 것들을 일년 중 3일을 개최한다. 또 글로벌로 가야 하니까 외국기업과 협력을 통해서 초청도 많이 하기도 하고, 통상적으로 국가를 따지면 10개에서 12개국 정도 된다. 그런데 국력의 차이라든가 이런 것을 인정해야 하는 게 일본은 우리보다 훨씬 전시 쪽에 전문기업이나 전문인력이 많이 있다. 일본에는 우리와 다른 것이 전시에 와서 뭘 찾는다면 한 사람이 3일 하면 3일 내내 온다. 일본은 자신이 할 만한 아이템을 찾으러 온다. 첫째 날은 쭉 둘러보고, 둘째 날은 그중에서 특징적인 것을 찍어내고, 셋째 날은 이것을 융합해서 자기 것에 적용되면 협조를 받으러 오는 것이다. 그러니까 바쁠 수밖에 없고 3일도 부족한 것이다. 그런데 우리나라는 한두 시간 보고 "별 거 없네, 이번에는 뭐네" 하고 기자들도 보고 "금년은 특징이 뭐에요"라고 평가를 한다.

우리가 기술강국으로 가는 길은 그런 기술들을 융합을 해서 새로운 콘텐츠를 만들고 새로운 장르를 만들어 새로 가야 하는데 우리는 전부 베껴쓰기에만 골몰해 있다. 플랫폼도 그렇다. 우리나라 유저들도 애플이 만든 그 공간에서 다들 놀아나고 있는 것이다. 그래서 근본적인 것이 차이가 있는 것이다. 물론 일본도 요즘은 사정이 약화되었다지만, 적어도 세계 3대 강국으로 어려운 상황을 버텨냈다면, 그럴만한 중소중견기업의 탄탄한 기술력이 있는 것이다.

사업화지원팀은 T^{+}2B분야를 지원하는 팀이다. 추진배경은 나노코리아의 한시적 활동의 한계를 극복하기 위해서 만든 팀이다. 사업화지원팀은 상설시연장을 통해서 지속적인 활동을 하고 성과의 확산과 산업화의 365일 지원센터를 만들자는 조합의 소신이 반영된 팀이다. 나노코리아에서는 소개를 했다면 기업과의 매칭은 사업화지원팀을 통해서 하도록 하는 것이다. 그런 것이 2012년이 되니까 비로소 R&D라든가 산업화 촉진, 나노코리아, T+2B 국제협력의 기본 틀이 완성됐다. 그때 지향한 것이 '아시아 최고의 나노산업진흥기관'이었다. 그때 그런 캐치프레이즈를 걸고 이곳 광교로 이전했다. '아시아 최고의 진흥기관' 간단한 것 같은데, 사실은 세계 강대국인 일본과 중국을 능가하자는 바람을 갖고 나노분야에서만큼은 우리가 중추적인 역할을 하겠다는 다짐이었다. 그때 우리 직원들의 컨설팅과 얘기들이 종합된 내용을 만든 것이고 내가 던져준 것이 아니고 두 달 정도 계속 컨설팅을 받고 토론하고 했었다.

한국 나노기술의 비약적인 발전은 나노조합인의 자발적인 노고가 만들어낸 기적

"직원들의 자발성과 노고가 만들어낸 기적이다"

내가 신문 인터뷰를 하거나 협회나 산학연 간담회와 회의를 할 때면 입버릇처럼 하는 말이다. 다른 표현으로 하면 '나노조합이 하면 다르다!'고 힘주어 말하곤 했다.

이 말만큼 한국 나노 발전의 토대가 된 원인을 찾을 말이 별로 없다.

지금까지 나노조합을 운영해 오면서 무엇보다도 직원들에게 사전기획의 중요성을 강조하곤 했다. 사전기획을 할 때는 꼭 본인의 생각을 넣어라, 본인의 콘텐츠를 강조하라는 주문을 잊지 않았다. 그러다보니 팀장이하 직원들은 기획을 할 때 엄청나게 고민을 한다. 그래서 나하고 일을 했던 직원들은 엄청난 부담감과 그에 따르는 나에 대한 불만이 무척 많았을 것이다. 왜냐하면 다른 곳은 대부분 위에서 정답을 주고 이렇게 하라고 하는데, 나는 우리가 할 일은 정답을 찾아가는 일이 아니라 앞으로 우리가 새로운 일을 찾아가려고 하면 어떻게 해야 하는지 새로운 시각으로 바라봐야 한다는 주문을 늘 하곤 했다. 그래서 전문가들을 많이 교육했는데, 그때 스트라이크 아웃제가 거기서 나온 것이다. 예를 들어서 그럴듯한 정부의 규격에 맞춰서 80점 맞으려고 가져가면 딱 80점만큼만 보게 되는 것이다. 결국엔 80점도 못 받는 것이다. 80점 맞겠다고 낸 기획안이 100점을 맞겠는가? 내 대답은 "못 받는다"이다. 그래서 직원들의 노고와 애로사항도 많았다.

그때 참 고마웠던 것은 기획실무자회의를 통해서 술 한잔 먹으면, 대기업 가령 LG와 삼성의 기획실무자들이 우리는 어떤 그림을 그리고 있고, 앞으로 이러이러한 구상을 한다는 것을 큰 그림으로 얘기하곤 했다. 그리고 나노조합에 대해서 우정 어린 충고도 하고, 또 필요할 때 SOS하면 회원사들이 지원해 주었다. 지금 우리 곁엔 전문가들이 엄청 많은데 그게 다 그때 맺은 인연들로 불어난 인맥들이다. 이 회의는 늘 솔직하고 특정 기업에 편향되지 않았다. 우리 조합으로선 무엇보다 소중했던 점은 우리 회계팀이 R&D까지도 겸해서 정산까지 교육을 했었다. 그래서 소재기업들은 우리쪽 규정을 보고 연습을 했다. 산업지원평가관리원은 순환보직제인데 그 사람들이 잘 모른다. 오히려 우리한테 물어보라고 할 정도인데 그것은 왜냐하면, 서로 간에 계속 이런 얘기를 하면서 일종의 믿는 동료의식이 생겼기 때문일 것이다. 이 회의는 누가 생각해서 하는 게 아니다. 그렇게 불평부당하지 않게 운영을 하니까 많은 전문가라든가 회원사에서 의견들이 많이 들어오기 때문에 그것을 종합해서 하다보면 자연스럽게 만들어지는 자율적인 연구토론회의체의 성격을 띠는 모임이었다.

나는 가급적 팀장들에게 과감하게 업무를 위임했다. 자율성을 주고 다른 조합에서는 꿈도 꾸지 못할 업무추진비 카드를 팀장들한테 제공했다. 다른 기관 책임자들이 그러면 사고 난다고 했지만 나는 젊은 사람들이 사고는 한두 번 날 수 있지만, 근본적인 문제가 아니면 사고도 아니라고 생각했다. 요즘은 RCMS제도가 도입되고 해서 쓸 수 없는 돈이 있다. 말하자면 우리조합 카드를 줬다는 얘기는 과제카드에서 지급했다는 것인데, 과제카드는 원래 자기들이 써야 하는 것이 맞는 것이고, 과제카드로 회의를 하다가 나노조합 일반운영카드로 맥주 한잔 먹으면서 자유롭게 토론의 장을 더 넓혀갈 수도 있는 것이다. 보통 다른 조직에서는 한창 회의하다가 중단할 수도 없고 개인돈을 쓸 수도 없고 "얘기하다 말어? 그럼 자기 돈 들여?" 이렇게 불합리한 일들이 현장에선 많이 생긴다. 그래서 기관들은 불안감에 감히 실현을 못 했다.

그다음 주간업무회의를 내실 있고 꼼꼼하게 진행했다. 이 회의는 처음에는 매주 하다가 그 다음에는 2주에 한번 했고 지금은 전체 직원이 모여서 한 달에 한번씩 하고 팀장회의로 대체를 했다. 어쨌든 처음에는 매주 회의를 해서 위에서 내려가는 정보와 옆에서 흘러가는 정보를 팀별로가 아니라 전체가 알 수 있도록 했는데, 팀장들은 불만이 좀 많았었다. 고급정보, 저급정보 다 알려버리니까, 그런데 일반직원이 타팀에 대한 정보습득을 해서 수평적 교류를 기했다. 그리고 주간업무 시, 3개 팀 중에서 이번 보고는 어느 팀에서 할지를 미리 정하고 준비를 하게 했다. 그러면 이번의 보고자가 정해져 있어서 보고자가 준비를 하게 되는데, 그렇게 하면 두 가지 효과를 볼 수가 있었다. 하나는 일반직원이 발표하면서 담당 업

직원들과 담소 나누는 저자 이모저모

무와 팀 전체 업무를 숙지하면서 팀 전체의 윤곽을 알게 되고, 두 번째는 발표 시 질문을 받게 되니까, 공부를 한다. 공부만 가지고 안 되니까 발표력과 순발력이 늘어나고, 이렇게 하다보면 직원들이 홀로서기를 할 수 있는 시기가 됐는지 아닌지를 판단이 된다. 그래서 입사해서 단독 활동하는 시기가 언제인가를 발표하면서 질문 던지고 이렇게 파악하는 가늠자가 된다. 회의의 자리는 사람을 키우는 자리다. 그래서 업무파악과 발표력, 질문이나 답변, 그리고 팀 사업의 숙지 정도를 알아서 독자적으로 회원사 방문이나 기관을 갈 수 있게 능력뿐 아니라 담력을 키워줘야 한다. 내 경험상 보통 그렇게 하려면 2년에서 3년이 걸린다. 사람마다 시차가 있는데, 이때는 신입사원이 나노조합을 대표해서 외부활동을 한다. 이 사람이 내공을 연마하고 관계망을 확충해 나가고 자기 이름이 나노소사이어티에서 누구라고 하면 그 친구 이미지가 형성되는 것이다. 직원들은 리더의 자양분을 먹고 자란다는 의미와 일맥상통한다고 볼 수 있다.

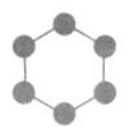

과학 이면에 깔린 인문적 사고로 생각하라

인문학자이자 철학자인 최진석 교수의 주장에 의하면 동양이 서양에게 완패한 건 과학뿐만이 아니라 인문학에서도 완전히 진 게임이라고 말한다. 그 분기점으로 아편전쟁을 들고 있다. 물론 이 주장은 인문학자 한 사람의 주장이어서 다른 이견도 있을 수 있겠지만 내 생각에는 그리 틀린 견해 같지는 않다. 무엇보다 지금의 나노과학에 대해서 알려면 과학 이면에 깔린 인문적 사고가 바탕이 되어야 한다. 10억분의 1m의 보이지 않는 세계에서 보이는 뭔가를 발견해내고, 만들어내는 기술, 이거야말로 정밀공학과 물리학, 화학, 광학의 바탕이 되는 인문적 소양인 '미세하게 작은 것들의 존재 이유'에 대한 물음에 다름 아닐 것이기 때문이다. 그래서 우리가 나노기술에 관한 열린 사고를 가지기 위해서는 인문적 토양 위에 나노과학에 대한 이해가 필요하다. 또한 T+2B 사업은 기술거래의 속성을 이해해야 한다. 그 다음에 대중소 협력에 대해서 종합해서 그려야 하는 난이도가 높은 일이기도 하다. 그래서 나노조합 직원이 이런 일에 촉진제가 되기 위해서는 우선 전문가들하고 대화가 되어야 된다. 전문적, 기술적으로 기본적인 얘기를 하면 알아듣고, 모르면 물어보고 해서 대화가 가능한 수준에 도달해야 된다. 그리고 기업에 대해서 정책에 대해서는 우리가 잘 알고 있으니까 그쪽에 제공할 수 있는 것을 가지고 있어야 한다. 그리고 우리나라 핵심 나노인프라와 히스토리는 일목요연하게 정리할 수 있어야 하고 이쪽에도 한칸 있어야 되고 저쪽에도 한칸 있어야 된다는, 그것을 갖고 있으라는 얘기다.

당신을 믿고 존중합니다

그리고 상위 산업발전촉진을 하려면 CEO부터 관심을 많이 가져야 되는데, 그래서 팀별로 인사이동은 가급적 자제를 했다. 전문성을 살리는 방향으로 운영했는데, 사실 전문성과 통합성은 두 개 다 필요하다. 두 개의 수레바퀴인지 두 개의 자전거 앞뒤바퀴인지, 이것을 조화시키는 것이 굉장한 시너지를 불러일으킨다. 그래서 월간회의, 주간회의, 차과장 티타임, 워크숍 등 이런 쪽으로 하고 있는데, 조합의 장점이자 큰 특징은 '일인일사 담당제'이다. 예를 들어서 업무가 어느 팀에 속하든 간에 내 담당은 한상록이다 하면 그 사람은 회사에서 한상록에게 물어보게 되고, 한상록 관련 업무는 자신이 답변하고 답변하지 못 하면 다른 사람에게 넘겨서 답변할 수 있도록 한다. 그러면 두 가지 장점이 있는데, 하나는 서로 간에 얘기하면 양해사항이 높아진다. 항상 전화하면 "기다려보세요!"라는 얘기를 많이 하는데, 연락이 끊겨도 확실하게 얘기해주는, "알겠습니다. 이건 내가 하고 있고, 이건 내가 잘 모르는 업문데, 담당이 딴 팀인데, 누구가 알아서 언제까지 알려주겠습니다"라고 확실한 답을 줄 수 있다. 그러면 끝나는 것이며 기다리면 되는 것이다. 그러면서 묻는 사람도 물어보면서 그쪽 업무를 이해하게 된다. 그래서 일인일사 담당제는 어떤 건이든지 그 사람을 통하면 답이 오고 확실하게 챙겨준다. 그게 '일인일사 담당제'

의 근간이었고 회원사에 대한 질좋은 서비스라고 생각했다. 회원사 방문할 때도 그 담당이 가고 담당자와 함께 2인1조가 기본이 된다. 그래서 필드에서는 만나서 얘기하는 대면미팅이 중요하다고 항상 강조했다. 만나기로 약속이 되면 대부분 반영하려고 애를 쓰고 안 그러면 양해를 구하고 본인이 현장에서 뛸 때는 현장중심주의로 일을 하도록 애를 썼다. 내가 지금까지 직원들에게 주고자 했던 메시지는 '당신을 믿고 존중한다'이다. 믿고 존중하는데, 출상 갈 때에 출장비가 없으면 되겠는가. 대한민국 급여체계가 충분하지 못해도 출장비에 어느 정도 생계에 약간 보조 수단적이 되도록, 출장급여를 책정해서 그렇게 부족하지 않게 하고 있다.

직원들을 고쳐 써서 그 분야의 전문가로 키워라

해외여행을 가서는 그 지역의 역사도 있고 왕궁 등의 문화재도 있을 것이고 그것을 다 알고 있더라도 스쳐지나가게 된다. 그런데 여행가이드가 와서 설명을 하면 갑자기 귀에 들어오기 시작한다. 그 얘기가 사기가 되었든지 뭐가 됐든지 의미를 부여하게 된다. 그래서 나는 직원들에게 다른 직장과는 조금 다른 방법으로 운영해왔다. 집무실에는 젖히고 회전되는 의자가 없고 소파도 없으며 실용적으로 사무실을 운영했다. 바른 자세로 있다가 피곤하면 쉬면 되는 것이고 남들을 보여주기 위한 것이 아니며 스스로가 절제하고 자기 일을 하면 되는 것이다. 그리고 회의실 밑에 공간이 있는데 자료를 넣을 수 있게 만들었고 의자는 굉장히 얇고 오래 앉을 수 있는 것으로 가져다 놓았다. 그리고 기획을 많이 하는데 그런 것 하나하나를 고민하고 디자인해서 해왔다. 최근에 주간업무일지 양식을 2년 만에 완성하였는데, 어떻게 하면 일목요연하게 전부 다 알 수 있는지를 고민해서 만들었다. 우리 직원들은 전부 네트워크를 해야 하는데, 처음에 한 2년 동안은 교육을 한다고 하지만 병아리들이라 홀로 서기가 쉽지 않다. 중소벤처기업들은 조그만 지푸라기라도 잡고 싶어 하는 사람들이 많다. 그 사람들이 속이는 것은 어쩔 수 없지만 우리는 진정성 있게 봐야 된다. 조합은 맡겨진 과제를 하는 회사의 진도점검을 하기 위해 수시로 그 회사로 나가야 된다. 업체에 방문하게 되면 감사한 것이 산업기술평가원 같은 곳에서도 우리에게 믿고 맡겨놓게 되어 있다. 그 다음에 평가원에게 같이 갈 것을 권유하기도 하고 자체방문을 계속 나가면서 애로 청취와 진도관리를 한다. 그러면 아무리 실무자가 방문했다고 하더라도 얘기를 하다보면 금방 안 끝나는데, 그럴 때는 추후에 약속하자 하고 날짜를 잡으면, 이미 그때는 시간이 잘 안 잡아진다. 그래서 팀 내에서는 실무자가 자기 스케줄을 알고 있고 업무일지를 통해서 팀장도 실무자 스케줄을 아니까 스스로 정할 수 있는 스케줄을 보고 결정을 하면 된다. 그리고 어느 회사로 외근을 나갈 때는 칠판에 행선지를 써놓고 외출하면 된다. 요즘은 온라인 시대여서 같이 공유하고 업무를 볼 때에 업무사전보고와 승인의 원칙을 고수한다면 스스로 활동이 많은 사람들은 위축되고 그 조직의 역동성이 떨어진다. 그래서 조직의 역동성을 살리려면 본인이 결정하고 직접 해야 된다. 비록, 우리가 다른 곳에 비해서 급여가 높거나 명예스럽지는 않지만, 그래도 그런 것들이 주체적으로 일을 할 수 있게끔 했다.

우리 나노조합은 학습효과가 굉장히 좋은 편이다. 씨를 뿌렸으면 그냥 기다릴 줄도 알아야 한다. 필자는 직원들에게 기회를 가급적 많이 주려 한다. 해외출장 기회를 많이 주려고 애를 쓴다. 해외에 가서 보고, 듣고, 느낄 수 있게……. 정부관리들에게도 해외를 나가보라는 얘기를 많이 한다. 보고서를 받아서 알 수 있더라도 "내가 가서 보니까 그렇다 하더라" 하고는 다른 문제다. 여행갈 때에 가이드가 있듯이, 현지 전문가들을 같이 붙여주니까, 배우고 올 수 있게 많은 투자를 했었다. 지금은 코로나시대가 되다 보니까 정부 부처에서도 국회와 청와대만 쳐다보는 그런 상태가 되어서 같이 하는 시간을 잘 못 내고 있다.

나노조합 직원들은 그렇게 하나하나 자신의 포지션을 찾고 자신의 얘기를 하도록 내 나름의 주도면밀한 인사관리와 트레이닝을 해왔다.

나노조합의 회의도 다른 기관과는 달리 진짜 열린 회의로 진행된다. 보통 주간업무회의를 하면 한 20명이 모여서 팀별로 발표하게 된다. 그러면 팀장하고 고참들은 자연스럽게 얘기를 하는데, 6개월 미만의 신입 직원들에게 발표를 시키면 평소에는 편하게 얘기하던 사람들도 공식적 자리라서 그런지 목소리가 부자연스럽고 떨리기도 하고 얼굴 빨개지고 한다. 이런 사람들이 어떻게 밖에 나가서 업체들을 상대할 수 있을지가 우려되었다. 그래서 자율권을 주되, 여기서 한 2년 트레이닝을 하다가 보면 신입사원들도 자기 의견을 자신있게 이야기하는 정도로 발전한다. 나노조합 직원들은 참 활발하고 말을 잘 한다는 말이 들려왔다. 그래서인지 외부인이 "한 전무님은 상당히 복이 많아요"라고들 하는데 "아, 그럼은요" 하고 맞장구친다. 한편으로 '복이 절로 오나?' 하며 속으로 나는 동의하기 어렵다고 생각한다. 그 시간들을 본인들 스스로가 변해야겠다고 투자를 했고 그것을 받아주는 조직의 풍토가 있고 문화가 됐으니까 자신도 모르게 주체적인 나노조합인이 됐던 것이다.

내가 생각하는 직원 관리법은 직원들을 고쳐 쓴다고 생각해야 한다는 것이다. 책임자의 마음에 안 든다고 해서, 업무가 서투르다고 해서 직원을 함부로 무 자르듯이 자르면 안 된다. 우리나라의 가장 큰 문제가 패자부활전이 없는 것이다. 내부에서 그런 트레이닝과 마인드를 고쳐주고, 조금 잘못해도 혼내지 않고 이해해주고 하는 것이 없이 어떻게 밖에 나가서 네트워크 하고 주체적으로 활동할 수 있겠는가? 그런 부분들은 내가 지금까지 운영해오면서 "이상하게 나노조합은 사람들이 활발하고 말도 잘하고 좋다"라는 말을 들어왔는데, 사실은 내가 그런 철학을 갖고 있었다. 또 신입사원은 선배들이 워낙 열심히 일을 하니까 자기도 모르게 하게 되고 그 다음에 그 사람들에게 주도권을 이어받는 것이다. 나는 집요하고 민망할 정도로 파고 잘못이 판명되면 고쳐서 판다. 혹여 심각한 사고가 발생해도 사고 원인을 파헤쳐 누구를 추궁하기보다는 다른 분위기로 바꾸고 이해하는 자세로 고치면 되는 것이다. 그런 방향으로 운영을 해 왔던 것이 네임밸류가 약한데도 불구하고 자연스럽게 단단한 조직으로 성장할 수 있었고 직원 스스로 자랑스럽게 자신의 일을 사랑하는 조직원으로 클 수 있었다. 이런 일들을 직원들한테 내가 욕심대로 했으면 다 도망갔을 것이다. 예를 들어서 내가 예상대로 잘 안 되고 머리가 아파서 출근할 때에 인상 팍 쓰고 들어온다면, 직원들이 결재도 안 들어오게 되고 조직 분위기가 얼게 된다. 3, 4년 전 얘기인데, 내가 어디 갈 데가 있어서 7년차 과장에게 자동차 키를 주고 차를 몰고 나오라고 했다. 원래 운전을 잘하는 친구인데, 차를 빼내오다가 마음이 급하다보니 자동차를 쫙 긁고 나왔다. 옆에서 보니까 황당했다. 나중에 배상 어떻게 하느냐고 물어봐서 "알았어"라고 하고 웃고 넘어갔는데, 말은 그렇게 했지만 '내가 어려운 존재'임을 알게 되었다. 너그럽다는 자랑질을 하는 게 아니다. 누군가 어떤 일을 잘못했을 때, 그 상황에서 "네가 경력이 얼만데, 나이가 얼만데……" 등의 추궁을 하게 되면, 그 사람을 바보로 만드는 것이다. 사람이 실수할 때가 있는데 "다음에 그러지 마라"라고 하고 두말 않고 끝나는데 그런 일들은 흔히 있다. 큰 실수를 할 때는 내가 뭐라고 안 한다. 큰 실수는 내가 책임져야 한다. 예를 들어, 나노코리아 초창기 시절에 8천만 원이 적자가 났는데 담당 팀장이 얼어 있었다. 적자가 난 이유는 우리 위원회에서 이 사람, 저 사람이 이거 해라, 저거 해라 하다 보니 적자가 나게 되었던 것이다. 2004년도의 8천만 원은 엄청나게 컸다. 그래서 그 다음에 이를 반면교사로 삼아 재정은 "나노조합에 맡겨달라"고 했으며 이를 계기로 재무의 중요성을 배우게 되었다.

좋은 생각과 맑은 정신으로 얻은 나노조합 사업 아이디어

국선도의 명상을 통해 마음수련을 하면 좋은 생각과 밝은 생각이 자주 나온다. 조직화를 통한 나노코리아의 출범, T+2B의 발상을 구체적으로 브레인스토밍, 회사 사무실 구성과 집기 선택 등 아이디어를 생각하고 컨셉을 잡았다.

우선 직원회의(주간, 월간)에서 업무보고 자료에서 as-is와 to be의 사이에서 질문을 자주 던졌다. 짧거나 길거나 가리지 않고 그 중 생각해볼 점이 있는 과제를 두세 개 선정했다. 그리고 이를 국선도 수련 시 약 40분 동안 명상자료로 삼았다. 이 수련을 3일 정도 계속하면 여건×환경×실행능력을 종합하여 그 방향과 수위를 조절할 수 있었다. 또한 그 과정에서 다른 각도에서 보기, 또는 다른 생각을 해보기 등을 하게 되는데 이를 통해 다른 아이디어를 얻기도 하였다.

늘 바쁘고 복잡하게 얽힌 일들을 일상적으로 접하다 보니 가급적 지혜로운 사람이 되기 위해 노력해 왔다. 지혜로운 사람은 다른 사람의 지식과 견해를 묻는 사람, 질문을 하는 사람일 것이다. 나는 질문에 대한 견해가 모아지면 도장에서 수련 시 명상으로 곱씹고 정제를 하였다.

마음의 찌꺼기가 매일 쌓이는 것을 매일 씻는 것이 국선도이고, 국선도 명상을 통해서 마음수련을 하면 좋은 생각, 밝은 생각이 자주 나온다. 그래서 그때 기억을 더듬으면 조직화를 통해서 변방에서 나노코리아 출범시킨 것, T+2B 발상을 구체적으로 브레인스토밍한 것, 회사 사무실 구성하는 것, 예를 들어서 내 의자를 회전의자로 안 놓은 것 등 이런 것들이 다 여기서 나온 것이다. 그래서 우선 직원들에게 질문을 자주 하는 게, 주간업무에 관해서 as-is와 to be에 대해서 질문을 많이 던진다. to be는 어린애들이 대통령 되겠다 뭐 되겠다 굉장히 쉽게 정하는 목표이다. 그런데 현상인 as-is에 대해서 얘기하려면 상당히 어렵다. 현재 문제점이 뭔데 앞으로 어떻게 해야 될까 이것을 연결시키는 명상을 많이 해왔다. 국선도 수련이 전후반 20분씩 총 40분 스트레칭에다가 한 37분 정도가 명상수련 시간이 있다. 동작을 한 2분 30초씩 바꿔서 하는 건데, 그 시간 동안에 짧거나 길거나 과제를 두세 개 선정해서 계속 생각하다가 호흡 집중하다가 그렇게 시간을 보냈다. 한 과제를 3일 정도 하다보면, 여건이나 환경, 실행가능성, 우리가 예측불가능한 부분, 이런 것들의 수위조절을 한다. 또 한편으로 다른 각도에서 본다든가, 이런 것들이 그 자리에서 많이 정제된다.

또 하나 놀라운 것은 나는 까마득히 잊고 있는데 갑자기 아이디어가 툭 튀어 나올 때가 있다. 까마득히 잊고 있었던 것 아니면 이런 생각을 왜 못했을까 하는 것, 아니면 사람에 대해서 내가 연락을 전혀 안 하고 살았다는 것, 평소에는 생각할 수 없는 생각이 많이 나왔다. 그래서 직원들이 보기에는 내가 잘못한 사람이고, 멋대로 사람인데, 나는 고심하면서 바쁘게 살아왔다. 많이 부족한 사람이었지만 나름대로 어제보다 오늘이 오늘보다 내일이 더 나은 사람이 되는 마음자세를 갖고 살았다. 그 근저에는 20년 가까이 몸과 마음을 닦아온 국선도 마음수련이 근간이 되었다. 나름대로 밝고 맑고 마음의 수련을 계속 해오고 아이디어와 정신을 통해서 계속 해왔다. 그런 것들이 당뇨를 견디고 이겨낼 수 있었던 계기가 되지 않았나 생각한다. 지혜로운 사람은 다른 사람의 지식과 지혜를 자꾸 묻는 사람이라고 하는데 앞으로 그렇게 살 수 있도록 몸과 마음을 더 챙기고 사람들과 나누고 배려하는 생활을 하도록 나 스스로를 정진하고 싶다.

살아있는 조직은 신뢰하고 신바람나는 조직이다

서로 믿을 때 변할 수 있다. 잘못된 것을 바로잡을 수 있다는 믿음이 중요하다. 이를 위해 먼저, 시스템의 혁신을 통한 신뢰 문화 형성이 필요하다. 조선시대의 신문고나 IBM의 오픈 도어 시스템(Open Door System)은 모두 믿음을 형성하기 위한 대화 채널이었다. 인간이 신이 아닌 이상 문제는 반드시 생기기 마련이다. 하지만 그 문제를 언제든 시정할 수 있으며, 그것도 내 조직 안에서 그렇게 될 수 있다는 믿음이 생긴다면 조직은 신바람을 내게 된다.

무엇보다 조직이 살아나려면 조직에 신바람을 내게 하는 게 중요하다. 나노조합이 나름의 성과를 내고 조직 내부적으로도 단단하게 팀웍을 다지며 커올 수 있기까지는 나 혼자 해서는 엄두도 못 낼 일이었다. 가장 혹독한 시절, 믿고 따라주었던 7년간의 고락을 함께했던 직원들이 있었기에 가능했던 날들이었다. 그 주역들이 지금의 팀장이고 본부장이다. 그래서 신입직원이 회사에 들어오면 바로 그 선배들의 탄탄한 기본기와 경험 그리고 기획력, 실행력을 보고 배우고 성장하는 것이다. 우리 조합의 본부장, 팀장급 선배들은 어디에 내놔도 전혀 뒤지지 않는 상당한 실력을 갖춘 프로들이다. 굉장히 탄탄하게 일을 잘한다. 그러다보니 협회단체를 보면 적당히 일하고 적당히 즐기다 적당히 나가는 그런 조직으로 알고 있다가 막상 조직에 들어와서 같이 일해 보면 그렇지 않은 것이다. 내가 좋아하는 말 중의 하나가 프로이다. 프로는 두 가지인데 프로페셔널과 프로모터이다. 프로페셔널 해야 하고 프로모터가 되어야 된다. 기업들은 프로가 아니면 못 살아남는데, 그 사람들을 상대해서 우리가 아마추어처럼 얘기하면 되겠는가? 그리고 기업이 어려울 때 우리가 프로모션을 해줘야 한다. 그러니까 프로라는 말이 프로모션과 프로페셔널을 뜻한다. 그래서 업무가 많다고 해서 못 챙긴다는 것은 너무나 직원들을 잘 못 보고 있는 것이다. 직원들은 뭔가 따라할 모델이 있어야 하는데, 나는 팀장이나 차장급한테 직원들의 모델이 되라고 말한다. 다 다르기는 하지만 다들 프로모터와 프로페셔널한 사람들이다. 그래서 우리 조합의 진정한 힘은 뭐냐? 진정한 힘은 행사에 있지 않고 지식정보와 네트워크에 있다. 그래서 무슨 일이든 할 수 있고 짧은 시간에도 할 수 있다. 무슨 일이든 할 수 있고 짧은 시간에 할 수 있는 실제적인 내공은 우리 조합의 오래 묵은 기록들이다. 우리 조합은 기록을 매우 중시한다. 이 기록이 지식정보인데 지식정보는 진정한 나노조합의 자산이다. 공유할 수 있는 자산. 각종 기록과 정보가 있어서 기획을 추진하는데 있어서 굉장히 간단한 매뉴얼로 할 수 있고 조금만 응용하면 된다. 그리고 어려운 일을 많이 겪었기 때문에 직원들이 일을 무서워하지 않는다. 우리 조합에서 2년만 근무하면 사람이 달라진다. 그건 뭐냐?, 탄탄한 모델들이 많이 있기 때문이다. 어디 가서 전문가들하고 대등한 대화를 하는 사람들이 우리 조합에 7, 8명 있다고 하면 그건 대단한 자산이다. 우리 조합의 지지자는 친나노조합이 아니고 비판적 지지자이다. 무슨 말이냐 하면, "조합이 잘하기는 하는데, 이것도 고쳐갔으면 좋겠어"라고 하는 지지자들과 협력 네트워크를 하고 있는 게 조합의 건강성을 유지하는데 많은 도움이 된다. T+2B 사업의 경우에 4개 분과위원회를 구성하고 있는데 각 분과위원별로 위원장, 부위원장이 있어서 두 사람이 의논한다. 4개 분과라는 것은 지금 4분과 만큼은 지역적인 색이 강하다. 대전 지역. 이게 특별한 구분기준이 있는 것이 아니고 1분과 2분과 3분과를 정해서 할 때, 주로 소재중심, 공정중심으로 했지만, 사실은 판을 임의로 짰다. 거기에 1분과 2분과 3분과는 특별히 분야가 뛰어난 것이 아니라 1분과는 제일 나이도 많고 영향력이 있는 사람, 2분과는 뭐, 3분과는 뭐 이런 식으로 하고 있어서 그 사람 판을 짜놓고 거기다 넣은 것이다. 그런데 하다보면 지리적 여건이라든가 업무여건에 나는 이쪽으로 갔으면 좋겠다고 하면 바꿔주고 그랬다. 그래서 이것은 특별히 구분이 있는 것이 아니라 워낙 많은 인원이 한꺼번에 워크숍이 불가능하니까, 편의상 나눈 것이다. 그래서 1, 2, 3과 분과라는 것은 규모가 너무 커지면, 형식적인 모임이 되고 그리고 어디를 방문해도 한 분과당 한 20명 되니까, 어떤 수요기업에서 공장 안내하고 제안서 주고 하기가 부담스럽다. 80명 가면 그건 행사다. 그래서 분과를 나누었다. 제1분과는 씨엔티솔루션 서정국 대표, 2분과가 동아바이텍스 김정근 부사장, 3분과는 아모그린텍 송용설 대표, 4분과는 김상호 대표를 중심으로 기업인 전문가로 구성되어 있다. 20명씩 구성된 나노전문가들인데, 다양한 분야의 자문이라든가 기업활동을 코칭해주는 싱크탱크이다. 그 외에도 연구조합연합회라는 산업기술연구조합으로 구성된 연합체가 있다. 주요연구조합 기획전문가로 구성된 TF팀을 구성해서 이업종 교류라든가 신규아이템 발굴들을 해오고 있다. 이와는 별도로 협단체와의 협력사업이 있다. 나노코리아 협력전시파트너 4개 분야, 레이저, 세라믹, 센서, 접착코팅 플러스 알파로 프랙시블 디스플레이 등등 이런 협회들과 협력해 나가는 것이 네트워크의 기본이 되고 있다.

우리나라는 대학교육을 마치고 나면 바로 기업에서 일을 잘할 줄 아는데 그게 잘 안 된다. 현장중심 교육이 안 된다. 예를 들자면 일본에 처음 출장 가면 설레는 마음이 뭘로 가느냐면 "일본 출장 가서 어떻게 하지?" 걱정을 하는가 하면, 일본 야경을 돌아다니고 밤바다를 돌아다니고 설레는 마음만 생기게 된다. 그때 설레는 마음을 잡아놓고 학습화 시켜봐야 아무 효과가 없다. 그래서 우리가 했던 것은 각자 직원들한테 각자의 개성과 역량에 맞는 출장계획을 세우게 했다. 직원 각자의 개성을 존중하는 쪽에 쭉 이어왔다. 그래서 직원의 열린 자세를 강조하고 있지만, 내부교육에 가끔 사람을 불러 올 때가 있고 또 외부교육에 적극 참여하게 해서 개인의 역량과 실력을 쌓도록 하고 있다. 경영에서 실전에서 돌입하는 양방 모임이라든가 네트워크를 통해서 자연스럽게 체화되도록 한다. 그래서 우리는 이론보다는 실전이고, 이론에서는 몇 가지 선별해서 했다. 아주 정교하게 틀을 놓고 하는 쪽은 잘못하면 어떤 것을 익혀야 한다는 함정, 즉 나무는 보고 숲은 보지 못하는 우물에 빠지는 것이다. 그래서 나는 보자기라는 그런 쪽, 프렉서블하는 쪽에 융통성을 가지되, 자기중심적이고 자기를 단련하는 그런 마인드만 갖고 있으면 된다고 본다. 100세 철학자로 명망이 높은 김형석 선생님은 행복하게 사는 두 가지 방법을 얘기했는데 하나는 정신적 단련의 중요성, 또 하나는 자기를 망치는 지나치게 이기적인 태도를 갖지 말라고 했는데, 이 두 가지만 명심하면 직장생활도 지혜롭게 잘할 수 있다. 우리는 이기적으로 설 수 있는 자리가 아니기 때문에 그래서 정신적으로 단련해야 한다.

나는 이 일을 왜 하는가를 질문하라

나는 출장과 행사 시에 직원들에게 '이 일을 왜 하냐?', '기대하는 게 뭔가?', '파트너는 누구냐?', '나노조합의 포지션은 뭔가?'를 꼭 물어본다. 나노조합의 포지션은 기업에 끌려가는 것이 아니라 기업과 대화를 하는 파트너십을 갖는 것이다. 그래서 포지션과 인터레스트를 구분해서 하라고 했다. 포지션이 절대로 변하지 않는 공적 기준이라면 인터레스트는 상황에 따라서 하는 것이다. 그 다음에 기획기사나 보고서 작성 시에도 목적의식을 갖고 있냐? 또 어떤 경우에는 협력을 하지만 기본적으로 우리가 주도하는 모임이나 토론과 회의에서는 나노조합이 주도하는 게 뭐냐? 다른 데와 다르게 주도하는 게 뭐냐? 기업을 소개할 것을 주도할 꺼냐? 그건 아니다. 얻을 게 뭐냐? 이런 것들을 하라고 얘기를 많이 해왔다. 또 궁금한 사항은 먼저 자료를 찾아보라고 했다. 궁금한 사항을 먼저 단답식으로 정답을 정해서 기준을 세워놓으면 위험하다. 그런 뒤에 자료를 보면 자료가 눈에 들어오겠는가? 그래서 직원들에게 고민하는 시간을 가지라고 했다. 고민하는 힘만큼 큰 게 없다. 일정한 수준의 정보나 자료를 파악하고 나서 팀장이나 누구한테 자문을 구하라고 권한다. 그러면 시간이 경과할수록 점점 생각하는 R&D, 생각하는 기획, 생각하는 네트워크를 시도하게 된다. 그 다음에 직원들은 결국 매뉴얼로 다져진다. 시오노 나나미의《로마인 이야기》를 보면 세계 제국을 건설한 로마라는 나라의 국민에 대한 평이 나온다. 수학이 약하고 건축이 약하고 체력은 보통이고 용맹성이 약하고, 그럼에도 세계를 제패한 이유는 탄탄한 매뉴얼에 있다고 기술하고 있다. 매뉴얼은 실전을 통해서 다져지고 실현가능하게 했던 것이다. 로마인은 매뉴얼이 강하다는 것이다. 나노조합에서는 매뉴얼이 자료정보라고 이해한다. 그리고 내가 가장 경계하는 것은 웃고 대충 넘어가고 얼버무리는 것이다. 나는 직원들에게 자기의사를 분명하게 하기를 주문한다. 잘 모르겠으면 "모르겠습니다. 다음에 와서 하겠습니다" 하면 된다. 모른다고 하거나 어렵다고 할 경우에는 내 경험을 통해서 코칭은 하지만 정답은 없다는 것이 최종답변이다. 그러다보니 직원들이 항상 헷갈려 했다.

그런데 따지고 보면 내 말처럼 확실한 정답은 없을 것이다. 세상에 정답이 어디 있겠는가. 단지 나는 이런 정신으로 이런 방향으로 고민을 해왔다. 그렇지만 당신은 당신 생각으로 당신의 고민을 하라. 사람이 다르고 시대가 바뀌었으니까 나와는 다른 식으로 생각해라. 굳이 내가 정답을 줄 수는 없는 것이다. 모든 문제의 정답은 자신만이 알고 있다. 다만 경험 많은 사람은 그 경험치만 참고삼아 제시해 줄 뿐이다.

나노조합에서 진행하는 '나노산업기술인 등반대회'라는 게 있다. 2019년까지 총 8회를 했다. 그리고 매년 봄에 개최한다. 매년 봄에 청계산을 등반하는데 250명 정도 산학연구관 전문가들이 참석한다. 우리는 이를 나노산업기술인이라고 이름을 지었다. 나노조합의 등반대회는 일반 협단체의 신년하례회와 비슷한 의례이다. 등반대회가 좀 다른 것은 대체로 시립단체는 신년하례를 호텔 방에서 샴페인 터트리고 형식적으로 사진 찍고 하는데, 나노산업기술인들은 하루 동안 시간을 내어 땀 흘리는 등반대회를 한다. 땀 흘리고 올라가면 상쾌해지고 또 산을 올라가면 사람이 너그러워지고 동질감을 느끼게 된다. 이것이 불교에서 말하는 도반, 함께 길을 가는 친구라는 뜻인데, 동질의식이 중요한 것 같다. 그래서 살다보면 잘 못 만나게 되는데, 일년에 한번씩 만나서 안부도 전하고 왁자지껄 한 것이 참 좋다. 코스는 옛골토성에서 이수봉 까지이고 주로 3월에 등반을 하는데, 삼삼오오 짝을 지어서 가다보면 쭉 길게 늘어진다. 얘기하다가 막걸리도 마시고 정도 나누고 된장에 오이도 찍어 먹고, 때로는 홍어도 사서 정상에서 먹기도 하고 했는데, 요즘은 금지돼 있다. 그래서 산업부에서 매년 국장급이 참석하고 있다. 2018년에 참석한 J차관님은 그 규모와 축제분위기에 정말 놀라는 눈치였다. 자신은 "많은 협단체 등반모임을 다녀봤는데, 나노소사이어티는 정말 끈끈하고 내실 있는 집단이다"라고 감탄하고 주위에 나노조합이 대단하다고 떠들고 다녔다. 그런데 특별한 의미는 이벤트가 전 회원사의 참여로 이루어진다는 것이다. 청계산을 등산하고 전 참석자가 한자리에 모이면, 텐트를 쳐가지고 끝이 잘 안 보인다.

250명 정도가 한자리에서 식사모임을 갖게 되면 와글와글하는데 활기가 넘쳐 영락없는 시장 분위기이다. 오리고기 먹고 막걸리 드실 때까지는 행사 진행이나 마이크 사용은 금물이다. 왜냐 '금강산도 식후경'이니까. 이야기해봐야 "아무것도 안 들려, 배고픈데 먹고 합시다!!"라고 나올 게 뻔하기 때문이다. 식사를 하고 한참 지나가면, 그때부터 행사를 하게 된다. 일단 일인당 기념품 하나씩 주어지고 중요한 건 경품이다. 경품액을 모금하는 방식이 독특한데 선물은 우리가 알아서 주문한다. 태블릿PC 등의 경품을 1등, 그 뒤는 스마트TV 순으로 해서 진행되는데, 보통 참석인원의 3분의 1이 경품을 받아간다. 경품협찬은 현물을 하는 경우도 있지만 돈으로 협찬할 경우는 100만 원 이상 하지 말라고 한도를 정해서 해오고 있다. 100만 원 이상 협찬을 금지하는 이유는 부담을 최소한의 기준으로 같이 하는 면과 때로는 일방기업이 너무 많은 돈을 협찬하는 사고(?)를 방지하기 위해서다. 다시 말하면 협찬이 자칫하면 기싸움이 될 수도 있고 또 부담이 될까봐서이다. 편안하게 올 수 있도록 하고 결국은 지

직원들과 등반

제1회 나노산업기술인 등반대회

속가능한 모임을 만들고 싶은 것이다.

100만 원으로 한정해서 진행하니까, 100만 원 현금과 상품으로 현물 내는 것이 따져보면 20개 이상이 된다. 그렇게 계속해오니 지금은 100만 원 내는 게 공지사항이 되어 있다. 그리고 부족한 돈은 나노조합 회원사들이 낸 회비에서 식대하고 나머지 부족한 분을 쓰고 있다.

행사 진행에 몰두하다 보면 나노조합 직원들은 식사를 거르게 된다. 그래서 행사 종료하고 다른 분들이 다 귀가한 뒤 나중에 나노조합 직원들끼리 식사를 하게 된다. 싫은 내색 없이 쾌활하게 손님을 맞이하는 나노조합 직원들에게 이 자리를 빌어 감사드린다.

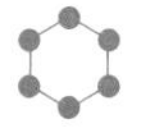

나노기반전략지원단이 남긴 절반의 성공

나노기반전략지원단은 절반은 성공이지만 완전히 성공하지는 못했다. 굉장히 아쉬움이 남고 또 아쉽다는 것을 떠나서 우리나라가 기회를 놓쳤다. 그 전에는 우리나라가 치열한 경쟁을 해서 개별기업위주로 하니까 한계가 있었다. 그리고 협회단체에 모든 정보가 들어 있는데, 정부에서는 굉장히 어려운데, 2005~6년도에 R&D 중간조직이라고 해서 우리 같은 조합이, 주 타깃이다. 그리고 연구소도 있고 기술사업화 같은 조직들이 전략기술을 지원하는 사무국 역할을 하는 것으로 아이디어를 냈다. 그 당시에 15대 전략을 만들어놓고 금방 하면 경험이 없으니까, 그 중에 잘하는 조직 4개를 골라서 먼저 선점을 했다. 그런데 그때도 잘하는 데가 반도체, 디스플레이, 나노 등은 조직이 탄탄하고 생산기술이 있었고 생산체 4개가 시범사업을 했다. 시범사업이 전략기획지원단인데 기술위원회를 따로 구성하고 기술위원회를 평가하고 했다. 나름대로 열심히 한다고 했는데, 프로들은 아니었다. 기업들 중심으로 하다보니, 산업기술평가원에 있는 사람들은 잘 하나 보고 있고, 권한을 뺏기니까 좀 불만은 있었지만 그런대로 굴러갔다.

전략기술지원단의 절반의 성공

그 다음에 15개가 들어왔다. 그런데 15개가 들어올 때, 문제점이 우리 같이 탄탄하고 체계적으로 돼있는 기관이 아니었다는 것이다. 자기들이 편의를 봐 줄 요량으로 로비가 들어가고 그런 것들이 평가원에 포착이 되었다. 그렇잖아도 자기들이 평가기능을 뺏겨서 굉장히 기분 나빠하고 있는데, 이것까지 하냐고 해서 집중적으로 공격을 당했다. 그래서 우리는 2년 했는데 그 친구들은 1년 하고 끝났다. 그래서 그때, "우리가 과욕을 부리다가 우리 스스로 자제를 못했구나"라고 반성했다. 그 뒤에 우리가 평가기능을 가져가라고 하면 절대 안 가져간다. 고유영역을 건드린다는 것은 무서웠다. 평가기능이 사실은 없다. 똑같이 전문가를 모아서 하는 건데, 그랬다. 그 다음에 전략기획지원단이 들어왔는데 그들의 모델은 나노조합이 어떻게 보면 모델이었고 일을 많이 했다. 용역도 많이 하고 전략도 많이 세우고 했었는데, 2년 하고 후속사업이 있다 보니 3년 정도 한 것이다. 그러고 나서 PD 제도가 도입됐다. '전략기술지원단'이라고 산업부에 전략기술 열 개를 만들어서 지원단을 만들고 전략기술 지원단장에 대외적으로 명망가를 모시려고 했었고 단장으로 HOO가 왔다. 'H의 법칙'으로 업계에서 제법 유명한 사람이다. 그 사람이 다소 자기 식으로 하려다보니 현직 전문가인 PD들하고 의견이 맞지 않았다. 이런저런 말들도 흘러나왔는데 그런대로 울퉁불퉁하게 흘러갔다. 그렇게 흘러가다가 언제 깨지기 시작했느냐 하면, '과학기술핵심본부'라는 것이 출범했었는데, 과학기술핵심본부가 그 역할을 해버리는 거였다. 그러니까 여기서는 잘 안 먹혔다. 그렇게 하면서 전략기술지원단 밑에 있는 PD제도도 수명을 다 했다. 피디는 프로젝트디렉터라고 해서 과제를 만들 때, 우리가 했던 역할을 했는데, 산업 쪽에서는 전문가가 했다. 전문가를 모으고 해야지 혼자서 할 수 있는 일이 아니다. 그리고 업계, 전문가들은 항상 전문가지 업계 사람들이 아니다. 업계는 절대로 자기들 엑기스를 표출하지 않고 전문가들은 자기들 과제를 하려 한다. 그러니까 판단을 하기가 참 어렵다. 피디제도는 지금도 운영되고 있는데, 산업부에서 바쁘니까 못 하는 것을 피디들에게 주면, 피디가 모아서 산업부 지시를 정당화시키는 역할을 하고 있다. 지금은 정통부에서 잘못된 제도라는 것이 입증이 됐는데, 그 당시에 이민자우대식으로 정통부가 통합되면서 이들을 기획자리에 많이 앉혔었다. 이들이 피디를 하다 보니, 판이 바뀌어버렸다. 그러면서 연구조합들이 상당히 많이 과제에서 소외되면서 어려워지게 되었다. 최근 몇년 사이엔 과제가 별로 없었는데, 금년부터는 원상회복될 것 같다. PD제도 자체는 지금 전략기획지원단도 줄어들었고, PD제도도 그렇게 돼서, 그 당시에는 필요했는지 몰라도 내가 볼 때는 수명을 다했다.

나노조합이 추진한 연구개발 성공 사례

나노기술지원단은 정부가 2008년부터 추진할 새로운 산업기술 연구개발(R&D) 모델로서 전략기술개발사업을 추진하게 됐다. 국가 산업기술 R&D 체계를 전략기술에 초점을 맞춰 차세대 반도체, 차세대 디스플레이 등 15개의 전략기술분야로 구분하기로 하고 이를 뒷받침할 전문기술지원기관과 책임자를 확정하였다. 전략기술지원단은 전략기술분야 각 부문의 사무국 성격을 띠며 사업 조율과 진행과정을 총괄하는 역할을 하였다.

정부가 확정한 15개 전략기술개발사업과 지원단은 △차세대 반도체

(반도체연구조합) △차세대 디스플레이(디스플레이산업협회) △자동차 및 조선(자동차부품연구원·조선공업협회) △섬유·의류(생산기술연구원) △화학공정소재(화학연구원) △금속재료(신철강기술연구조합) △디지털컨버전스(전자산업진흥회) △차세대로봇(전자부품연구원) △바이오(바이오산업협회) △차세대 의료기기(전자산업진흥회) △생산시스템(기계연구원) △생산기반(생산기술연구원) △나노기반(나노산업기술연구조합) △청정기반(생산기술연구원) △지식서비스(전자거래진흥원)로 선정되었다.

나노조합은 2008년도부터 사업을 본격 착수하기에 앞서 2007년도에는 4개의 시범사업 중 나노분야가 선정되어 사업을 추진하였다. (4개의 시범사업 : 나노기반, 디스플레이, 생산시스템, 생산기반)

나노조합은 2008년에 전략기술개발사업 나노기반 과제 총괄관리기관으로 선정되었고, 2009년에는 산업원천기술개발사업 연구기획 과제 도출 및 기획 추진, 2개 신규 과제 도출 및 산학연 수요조사, 기술위 지원, 기획전담팀 운영을 통한 10년 지원 후보과제를 도출하였다. 그리고 2010년에는 산학연 수요조사 및 과제기획 전담팀 운영, 기술위원회 지원 등을 통해 '10년도 3개 신규 후보과제를 도출하였다. 또한 신규 과제 및 총괄관리기관 수행을 통해 회원사의 과제 참여 기회를 확대하는 데 주도적인 역할을 담당하였다.

우리 조합은 기획 아이디어부터 사업까지 전체 주기의 지원체계를 구축했고, 전문인력 양성이라든가 연구협력 네트워크, 종합적 시스템을 만들기 위해서 노력했으며, 이 과제를 3년 진행하면서 나름의 경쟁력을 갖출 수 있었다. 전략기술지원단에서 주로 기업들이 참여했기 때문에 시장의 수요에 대한 것을 R&D로 많이 띄웠다. 엘지생활건강이나 이런 곳에서 과제를 참여해서 많이 했었다. 3년이라는 시간이 너무 짧고, 그 이후에 후폭풍이 불어서, 굉장히 아쉽다. 우리가 정부에서 시킬 때, 종합적인 검토를 안 하고 평가회라는 조직이 있다는 것을 모르고 했지만, 그렇지 않더라도 더 이상 가기는 어려웠을 것이다. 이후 과기부에 혁신본부가 생기면서 산업기술연구회와 과학기술연구회는 연구개발만 하고 나머지는 기재부에서 다 하는 것으로 사업 성격이 바뀌었다. 바꿔 말하면 과기부에서 외상권을 기재부에서 뺏어가지고 와서 자기가 권한을 가진 것이다. 그러니까 나같은 경우도 작년에 B2B 예산을 만들려고 그렇게 과기부에 가서 열과 성을 보였던 것이다.

나노조합은 창립 이후 컨소시엄을 구성하여 연구개발 과제를 수행한 것이 29개가 된다.

공동 R&D 연구개발을 통해서 나노기술의 조기 산업화를 촉진하기 위해, 나노분야의 R&D 연구과제를 기획하고 컨소시엄을 구성하고 추진했다. 특히 우리 조합은 연구개발 진행과정에서 일어나는 전반적인 위험요소들에 대해 관리를 하여 산학연 연구자들이 기술/제품 개발에만 전념할 수 있도록 지원하였다.

조합은 기업과 연구소와 함께 공동연구개발을 하면서 그들의 고충을 현장에서 직접 목격할 수 있었다. 이후 우리는 그들의 애로기술 해결방안 도출 섭외, 행정처리 미숙, 오류, 과제 관리규정 미숙자에 따른 오류, 인사이동에 따른 문제, 규정 변경 등 다양한 위험요소에 대한 관리와 조처를 해주며 옆에 있으면 든든한 도움이 되는 조합으로 나노업계에 자리매김할 수 있었다.

대표성과 1. 나노급 반도체용 EUV 리소그라피 핵심기술개발

2002년 우리나라가 세계에서 가장 앞서고 있는 메모리 반도체의 최소 선폭은 130nm 수준. 2010년까지 50~90nm 수준에 이를 것으로 예측했다. 이러한 추세에 맞추기 위하여 가장 큰 기술적 장벽으로 지적되었던 원자외선(염: 수백 nm 파장) 리소그라피 기술의 연장선상에서 65nm 이하의 패턴을 구현할 수 없다는 원리적 한계를 넘어서는 것이 필요했다. 여러 가지 차세대 리소그라피 기술 중 65nm 이하의 나노급 반도체 소자의 양산 적용 가능성이 가장 높다는 평가를 받고 있었던 EUV(극자외선: 약 13nm 파장) 리소그라피 기술에 대해 국내 자체의 기술개발이 필요한 상황이었다. 그러나 이 기술은 13nm 파장의 특성 때문에 이전의 원자외선 기술에서와는 전혀 다른 개념의 광원, 광학계, 마스크, 감광제 등을 요구하고 있어, 개발 초기 단계에 있어 선진국과의 기술 격차가 크지 않으며 약 6~10년 이후에 상용화가 예측되어 당시 시점에서의 기술개발투자가 절실한 시점이었다. 나노조합에서는 EUV 리소그라피 장비를 산자부 과제로 기획하여, 삼성전자, 동진쎄미컬, 한양대 등 산학연 컨소시엄으로 구성하여 추진하였다. 마스크 제작 이슈, 새로운 구조의 레지스트 등 기존에 없던 기술을 국산화하는 것 뿐만 아니라 세계적으로 반도체 업체의 독과점으로 인한 무역수지 불균형을 해소하고 새로운 시장을 창출하는 쾌거를 이루었다.

대표성과 2. 나노소재기반 멀티엑스선원 및 단층합성영상 시스템 기술 개발

나노소재(CNT) 기반 멀티엑스선원 및 이를 이용한 단층합성영상 시스템은 기존의 CT보다 월등히 낮은 방사선량과 저가격으로, 연조직(soft tissue)에 대해 겹친 조직이 분리된 고해상도 고선명의 단층합성영상을 빠른 시간 안에 제공하는 것을 목표로 했다.

본 멀티엑스선원을 이용한 단층합성영상기기 개발로 인하여, 재료, 패키징, 시스템까지의 전체적인 기술을 확보할 수 있었으며, 특히 엑스선 시스템의 국산화율은 92%이며, 최종 생산(판매) 기업인 레이언스에서의 자체 생산률은 67.1%에 달하고 있다. 세계 최초, 최고 수준의 상용화 기술로서, 글로벌 기업의 열전자를 이용한 단층합성영상기기와의 경쟁력을 확보했고, 개발된 핵심기술의 파생기술로 포터블 덴탈용 엑스선기기가 제품으로 개발되어 국내 치과에서 사용 중에 있다.

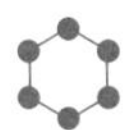

나노 신소재 선정 사업의 고충과 성과

나노 신소재는 정부 R&D 사업공고를 통해 정부과제에 선정되었다. 나노조합은 동 과제의 총괄주관기관으로 나노기업과 나노융합제품을 홍보하고, 추가적인 사업화 연계 애로해결, 전략수립 등을 지원하고 있다.

나노 신소재 선정의 고충

나노 신소재라는 것은 너무 광범위하고 기초 원천부터 3단계, 5단계 이렇게 돼 있다. 우리가 하는 것은 기업이 중심이 됐다. 핵심기술은 개발되어 있어야 하고 이 기술을 통해서 수요와 공급을 한꺼번에 짝을 지어서 들어온다. 그러니까 어떤 제품을 만들 것이냐 하는 것을 가지고 수요와 공급기업이 짝을 지어서 올 수 있게 처음부터 공고를 그렇게 낸다. 그러면 파트너십이 생기는 것이다.

다음으로 우리는 원천기술이 아니고 기업중심으로 하는 것이기 때문에 2년 내에 상업화하는 목표를 가지고 몇 가지 기준을 갖고 사업을 진행한다. 나머지는 R&D의 일반속성인 중복성이라든가 모방, 트렌드와 맞지 않는 것을 먼저 가려낸다. 우리가 평가위원들을 구성하고 그 자리에 평가를 전반적으로 하는 산업기술평가관리원이 참관을 하고, 필요시에는 산업부에서 담당이 오고, 토론을 하고 해서 결정을 한다. 보통 금액이 그렇게 크지는 않는데 선정후보군에서 1.5배수 정도 뽑는다. PT를 통해서 발표를 시키고 두 번째로 실사를 나간다. 실사를 나가는 것이 정말 중요한데, 특히 중국기업하고 수요 공급이 연결되면 굉장히 조심해야 된다.

이건 우리 에피소드는 아니지만, 예전에 플랜잇82라고 굉장히 미래가 촉망되는 기술이 있었다. 그 기술은 과장되게 말하면 별빛도 이미지를 찾아내는 센서였다. 그래서 수많은 사람들이 투자를 했고 그 중심에 김훈이라는 사람이 있었다. 그래서 정부의 돈도 받고 대서특필이 되기도 했는데, 물리학자들이 의문을 제기하기 시작했다. 물리적으로 에너지는 총량이고 에너지는 소비행위인데, “별빛이 100이면 나머지는 90밖에 안 나오는데, 어떻게 200이 나오냐?” 해서 논쟁이 붙고는 했다. 그리고 수요와 공급기업이 이걸 통해서 획기적인 것이라고, 세상을 바꿀 것이라고 해서 투자도 많이 받고 주식이 막 뛰고 했다. 그러다가, 한 1, 2년 있으면 다시 가라앉고, 다시 보도자료를 뿌리면 주식이 다시 올라가는 식으로 7, 8년 정도 했고 한 10년 정도 끌었다. 결론은 나중에는 피해자들이 사기당하고 검찰에서 조사를 하려고 하다 보니, 검찰이 과학기술 쪽을 잘 몰라서 나노기술연구협회로 의뢰가 왔다. 그 당시에 우리 쪽에 전문가들이 대부분 나노기술연구협의회 쪽에 있는데 의뢰를 받고 토론을 시작했다. 거기야말로 다학제인데, 싸우고 토론하면서 조사단이 구성이 됐다. 그래서 현장 실사를 했는데 이상이 없는 거였다. “그래서 가능하다고? 이상하다! 이게 말이 안 되는 게 말이 되네” 하고 막 나오는데, 나오면서 한 친구가 컴퓨터 화면에 조그만 것을 탁 쳤는데 뒤에 있던 사람이 보니까 화면이 사라져버렸다. 그것은 조작을 했다는 것이었다. 구현되기 위해서 별도의 보조

기구가 있었던 것이고 그게 있으면 안 되는데, 트릭을 쓴 것이었다. 얼마나 정교하게 했으면 그걸 몰랐었겠나! 그래서 진실은 어둠에 묻힌다는 것처럼 진실은 사기였다. 근데 10년 정도 해왔고 관련된 기업들이 많았다. 그러면 거기에 관련된 이공계 사람들은 다 사기에 가담한 거냐구 해서, 수위를 조절을 했다. 현재 기술로는 불가능하다, 그런 결론을 냈다. 다시 말해 현재기술로는 불가능하다는 얘기는 사기라는 것이다. 단지 퇴로를 막아준 것이고 그래서 플랜82가 숱한 화제를 남기고 사라졌다.

또 하나 기억에 남는 사례가 있다. 한 회사가 중국시장하고 연결됐다고 해서 공장에 실사를 갔는데, 직원들이 보니까 아무래도 터무니없이 시장이 크고, 더군다나 수도권에 있는 것도 아니고 업종의 제한도 없는데 지방에 공장이 있었다. 실사는 보통 한두 사람 가면 안내코스 보고 와서 확인을 제대로 못 해서 5명은 가야 된다. 우리는 이상하다 생각하고 갔더니 께름칙했다. 왜냐면 문서를 보면 문서는 너무 완벽한데 인력 자체가 그 일을 안 했던 사람들이었다. 그래서 장비를 구축해서 가서 확인해 보니까, 전기불만 번쩍이는 거였다. 불은 전기만 조금 알면 얼마든지 신호조작을 할 수 있다. 그래서 자꾸 의심이 가서 자세히 살펴보니 장비에 내장이 없었다. 속이 없었다! 어떻게 그런 일이 있을 수 있나? 직원들이 실사를 갔다 와서 한숨을 푹푹 쉬면서 저렇게 돈 쓰고 나라 버렸을 사람들이라 하소연했다. 그런 것들이 가장 극단적인 경우이고, 나머지 희망적인 얘기가 많이 있다. 인적 구성을 보고 재무구조를 보면 대체로 알게 되는데 그러니까 재무도 알아야 된다. 재무구조에서 이 돈이 어떻게 써지는지를 알면 운영이 보인다. 투입은 안 됐는데 성과가 나오면 이상하잖은가. 그리고 인력도 그럴듯한 네임밸류만이 아니고 실제로 과제를 해오던 사람들이 있어야 한다.

또 하나 사례를 보면, 이것은 계란이 먼저냐? 닭이 먼저냐? 뭐 때문에 잘못됐냐? 뭐 때문에 망했냐? 이런 생각이 든다. 티아이오투를 생산하는 기업이 있었다. 환경소재인데, 이 사람이 항상 자기 자랑하는 게 CEO는 4시간 이상 자면 안 된다는 거였다. 조그만 벤처기업이었는데. 실험도 하고 마케팅 등 모든 것을 스스로 다하고 했다. 조금 불안했다. 특히 나 같은 사람은 목숨 걸고 한다는 사람을 믿지 않는다. 목숨 걸고 하는 게 농담 같지만, 옛날에 김득구 권투선수는 경기 도중에 사망해서 실제로 관 메고 들어왔었는데, 죽으면 무슨 소용 있나? 그런데 그 사장은 툭하면 "먹고 죽을래도 돈없어"라는 말을 입에 달고 살았다. 아마도 본인이 쫓겨서 그랬을 것이다. 우리는 그 사장이 정말 절박하게 열심히 하는 것 같아서 투자를 받기까지 정성을 들였다. 가능성이 있었다. 그 당시 은나노가 항균작용을 했었는데 못 쓰게 되서 대안으로 만들었던 기술이었다. 공기청정기 필터에 들어가는데 쓰이기도 하는 것인데, 엘지에도 소개하고 엘지연구소장한테 한번 더 도와주라고 부탁도 했다. 그런데 진도가 안 나갔다. 그래서 왜 그러냐고 알아보니, 품질은 같은데 가격이 좀 비싸다는 거다. 어디보다 비싸냐고 물어보니, 중국보다 많이 비싸다고 했다. 그래서 "사기는 아니네! 양산하면 좀 나아지려나?" 했는데 그 생각을 CEO도 똑같이 했다. 그래서 수도권에 해보려고 하다가 잘 안 되서 점점 지방으로 알아보기 시작했다. 수도권, 천안, 당진, 결국에는 군장공단을 갔다. 군장공단에 공장을 지었는데 가서 보니까 허허벌판이었다. 투자를 받아놓고 거기까지 내려가다보니, 일년 이상 시들어버렸다. 그러면서 공장을 지었는데, 그당시 소방시설 기준이 굉장히 엄격화돼서 지금 소방시설용량의 두배를 설치해야 했다. 결국, 공장을 새로 지어야 되는 거였다. 그러다가 다시 자금을 추가하고 이러면서 한 2년 지나가니 투자자들이 가만히 있지 않았다. 돈은 안 내고 따지고 들기 시작했다. 그러면서 본인이 너무 무리하게 환상적인 꿈만을 꿨던 것이 하나가 있다. 거기에 행정적인 무지, 그리고 내가 도와주면 엘지가 무조건 오케이할 줄 아는데, 엘지도 이윤을 추구하는 기업체이다. 나중엔 나도 화가 나는 것이 회비도 안 내고 회원사도 아닌 것이다. 그래서 왜 회비 안 내느냐고 했더니 먹고 죽으려고 해도 없다는 것이다. 내가 몇 년 동안을 도와줬고, 나중에는 실비로 내야 되는 나노코리아에 출품을 해놓고도 돈을 안 내는 거였다. 그때 나는 자기관리가 안 된 사람이라고 판단하고 더 이상 같이 갈 필요가 없겠다고 생각했다. "그래서 알았다. 그 대신 알아서 해라"라고 블랙리스트에 올리겠다고 통보했다. 그랬더니 그때야 돈을 줬다. 결국 부도를 냈다. 그러니까 기술 중심의, 그 다음에 본인의 롱런적인 것들을 투자금으로 해결하려 하고 단기간에 결실을 보려고 한 것이 무리가 생겼던 것이다.

그런 사례를 보면서, 기술연구 하는 분이 사업화까지 가기가 쉽지 않다는 것을 알게 되었다. 기술평가 하는 곳에도 많이 그런 경우가 있는데 기술은 환금률이 25%란다. 비중이 25%를 넘어가면 위험하고 아무리 훌륭한 기술도 25%를 넘어가면 안 된다는 것이다. 지금 그런 독점적인 특허는 없다. 이미 특허들이 얼마나 많이 나와 있는데, 압도적인 특허는 쉽지가 않다. 신소재 사업은 장기간이고 불확실한 시장이며 중견기업이나 재력이 어느 정도 되거나 인력이 되지 않으면 쉽지가 않다. 결국은 벤처기업은 M&A를 통해서 중소벤처기업끼리 연합을 해야 한다. 우리나라는 M&A가 좀 약한데, 미국시장에서는 잘 되는데 우리 시장에서도 앞으로 일반화됐으면 좋겠다는 생각이 든다.

나노소재 기업-수요기업 간 의미있는 성과

비츠로세이브라는 회사가 있다. 나노카본씨앤티 기술을 보유한 소재기업이다. 카본나노티브는 분산과 사이즈가 중요한 기술적 성과의 관건이다. 카본나노티브나 소재는 '사이즈'가 균일하게 나와야 되고, 분산이 균일하게 되야 하고, 응집이 안 되야 한다. 그 중에 가장 핵심이 분산이다. 이런 플라스틱이 분산이 제대로 안 되면 울퉁불퉁할 것이고 그러면 전기가 안 통한다. 그래서 분산이 굉장히 중요하다. '씨앤티기술'의 핵심인 분산을 잘하는 곳이 비츠로세이브라는 회사이다. 전지쪽의 회사이고 2차전지형 도전재 개발을 하는 곳이다. 2차전지라는 게 리튬이온하고 현재 전기차에도 그걸 쓰고 있는데 아직까지 신물질을 개발을 못 한 것같다. 가장 훌륭했다는 점이 뭐냐면, 자기평가결과를 믿지 않고 전 세계에 인정을 받기 위해서 여기저기 테스트를 많이 했다는 것이다. 균일도라든가 특히, 배터리는 폭발이나 안정성 검사를 많이 했다. 또 공장설비에서 다른 사람이 믿는 인증 등 여러 과정을 거쳐서 전기자동차의 배터리에 들어가는 양산제품에 적용을 했다. 그래서 씨앤티 도전재라고 하는데 현재는 우리나라에 세 군데가 있다. 삼성 SDI, 엘지화학, 그리고 SK하이닉스 이 세 곳에 납품도 하고 협력사로 등록해서 하고 있다. 그리고 지금 미국이 전체 시장을 주도하고 하는 것 같지만, 실제 독일 BMW나 이런 곳도 전기차를 많이 준비하고 있다. 그런 업체에도 납품을 하고 있다. 보통 소재는 기본이 100억이면 중견기업이다. 왜냐하면, 소재는 가루부품인데 이익률이 보통 3, 40% 난다. 그러면 그것을 가지고 재투자를 한다. 말하자면 시장의 블루오션이다. 그래서 현재 주식도 상당히 올라 있고 매출의 가능성도 높은 회사이다. 그 당시 투자가 40억이 들어왔는데. 소재기업이 40억이면 엄청난 것이다. 그래서 중국에도 공장을 짓고 21년도에는 일본에도 지었다. 지금은 글로벌시대라서 현지공장에서 생산해야 한다. 특히 코로나시대라서 현지화를 위해 현지에 공장을 짓고 고용을 창출 안 하면 들어갈 수가 없다. 그래서 나노신소재 쪽은 이런 것들이 성공을 해서 앞으로 굉장히 발전할 것 같다.

나노소재 개발, 수요기업 간 의미 있는 성과로는 LG전자와 파루 간 협력사례를 들 수 있다. 파루는 자사의 발열제품 납품을 위해 나노조합 회원사인 LG전자 가전사업부와 협력을 요청하여 T+2B 상설시연장을 통해 1차 상담회를 개최하였다. 기술과 제품을 소개하며, 적용 가능한 분야 협의를 통해 공동 기술개발 협력 및 NDA를 체결하였다.

이후 발열부품 모듈은 LG전자 냉장고 1개 모델에 샘플이 적용되었고, 향후 대량 거래까지 이르는 성과를 얻게 되었다.

추가적으로 파루는 대유위니아 밥솥에 발열모듈을 적용하여 100억 매출을 달성하였으며, K2코리아에는 의류용 히팅 모듈을 납품하여 20억 원, 삼성전자 냉장고 모델에 추가 적용하는 성과들을 만들어내고 있다. 이로써 파루는 나노 발열체 기술력을 인정받아, 다양한 응용제품 개발 요청을 받고 있으며, 발열체 대표기업으로 손꼽히고 있다.

나노소재는 수요처 상용화 제품에 적용되어 사업화 될 수 있을 정도로 완성도가 높고, 다양한 산업분야에 융·복합이 가능하다. 하지만 기업 간 개발자금 및 공정 개선 등의 리스크로 인해 나노소재의 공급사슬 형성 및 최종 융합제품화가 더뎌지고 있는 상황이 지속되고 있다. 이러한 불일치 폭을 줄이고 상대적으로 긴 소재분야 상용화 기간을 단축하여, 안정적 공급망 형성을 위해서는 나노공급-수요기업 간 융합제품개발 지원이 필요하다.

나노기업은 주로 소재를 먼저 개발하는데 납품 뒤에도 성능 개선, 양산성 확보, 최종 제품 개발 과정에서 지속적인 역할을 수행한다. 수요기업뿐만 아니라 공급기업도 상당한 역할을 해야 하는데 나노기업이 그 돈을 감당 못 하는 경우가 많다.

나노조합은 공통의 관심사를 모아보는 장을 마련했다. 보이지 않던 것을 보이게 한 역할이 컸다. 기업 간에 애로사항을 공유했다. 3년간 정부 투자 대비 10배 이상 성과를 냈다. 참여 기업 중 60~70%가 매출이 늘었다. 150개사를 지원해 초도 제품 거래 매출 64억 원, 누적 성과 300억 가량을 달성했다. 성장을 위한 씨앗을 많이 뿌렸다고 생각한다. 기업 간 공동 제품 개발 협력도 40여건 이뤄졌다.

실제로 산업 현장에서 겪는 어려움은 어떤 것들이 있나

나노기업을 만나서 얘기를 나누면 아직도 배고프다는 얘기를 많이 한다. 기대 수준보다는 아직 많이 모자란다. 공급기업이 제품을 개발한 뒤 실제 적용까지 너무 많은 시간이 걸린다. 그 문제를 어떻게 할 것인지 고민해야 한다. 나노 기술을 사용하는 기업 대부분이 대기업이다. 그런데 우리나라 대기업은 대부분 패스트 팔로어 전략을 취한다. 소재나 기술을 앞서서 도입하고 사용하는 것에 대해서 주저하는 측면이 있다. 사용하게 되더라도 모든 것을 공급기업이 해결해야 한다는 생각이 많다. 공급자와 수요자 관계가 잘 형성되야 하는데 생산성, 안전성 등 모든 걸 다 공급기업이 해결해야 한다. 나노기업 대부분이 중소기업인데 할 일이 너무 많다. 인증부터 수요기업 장비 적용, 생산성까지 신경 쓰는 데 너무 많은 시간이 든다. 기존의 것을 대체한다는 개념을 갖고 있기 때문에 가격이 낮은 경우도 많다.

그런 차원에서 T+2B는 좋은 정책이다. 좀 더 확대해야 하는 것은 수요기업과의 만남이다. 아직까지는 공급기업 위주로 운영된다. 수요기업과 만남을 활성화시키고 촉진시키는 것이 다음 단계다. 공급기업이 모여서 나름대로 잘 가고 있지만 근본적으로는 수요기업과 연결돼야 한다. 어떻게 참여시키고 소화할 것인지 고민해야 한다.

나노기술이 갖고 있는 장점을 극대화하려면 수요기업이 많이 와야 한다. T+2B도 온라인화할 필요가 있다. 외부에 있는 사람이 뭔가를 알고 싶으면 인터넷으로 찾는다. 외국 고객도 인터넷으로 검색해서 들어오는 경우가 있다. 나노조합에서 장터 같은 것들을 포함해 온라인으로 운영해 주는 것도 국내외 나노산업을 더욱 넓히는 데 최적의 홍보수단이 될 수 있을 것이다.

나노융합적용사례 & 기업스토리

씨큐브(CQV)

주식회사 CQV(씨큐브)는 어떤 회사?

씨큐브 주식회사는 2000년 10월 설립된 진주광택안료 제조 회사이다. 당사의 주를 이루는 제품 제조기술은 진주 광택성 안료의 제조이다. Base인판상 기질상에 이산화티탄, 산화철 등의 금속산화물과 유기안료, 무기안료, 천연안료 등의 안료를 코팅시켜 우수한 광택 및 채도를 갖는 진주 광택성 안료를 제조하여 산업용, 외부용, 화장품용등으로 적용할 수 있는 다양한 제품의 제조기술을 핵심 기술로 갖고 있다.

CQV(씨큐브)가 보유한 기술의 차별점

세계 두 번째로 Alumina 기질 제품 개발

씨큐브㈜의 핵심기술이 집약되어 있는 ADAMAS® 제품은 씨큐브㈜를 중견기업으로 이끌 수 있는 제품이라고 할 수 있다. 씨큐브㈜가 개발한 ADAMAS® 제품은 기존 Mica, Glass 기질 위주에서 벗어나 Alumina 기질 위에 금속 및 금속산화물을 코팅한 제품이다. 기질 개발부터 코팅까지 전 과정에 걸쳐 씨큐브㈜의 모든 역량이 들어가 있는 제품으로서 정부과제와 회사 자금 등 모든 역량을 투입해 개발하였다.

세계 최초로 식물성 천연 추출물을 이용한 제품 개발

세계 최초로 씨큐브㈜의 기술을 응용하여 식물성 천연 추출물을 판상기질에 코팅한 인체 친화적이고, 친환경적인 화장품용 유색 진주광택안료인 ECONA®를 개발하였다. 씨큐브㈜에서는 기존 판상기질에 금속산화물과 유기안료를 코팅하는 진주광택안료 핵심기술과 식물성 천연추출물을 코팅하는 기술의 융합을 통해 세계 최초의 제품을 개발하여 제품경쟁력 증가와 함께 부가가치있는 제품을 출시하므로써 글로벌 트렌드에 적합한 친환경 제품으로 경쟁사와의 비교 우위를 통한 시장선도를 이룰 수 있게 되었다.

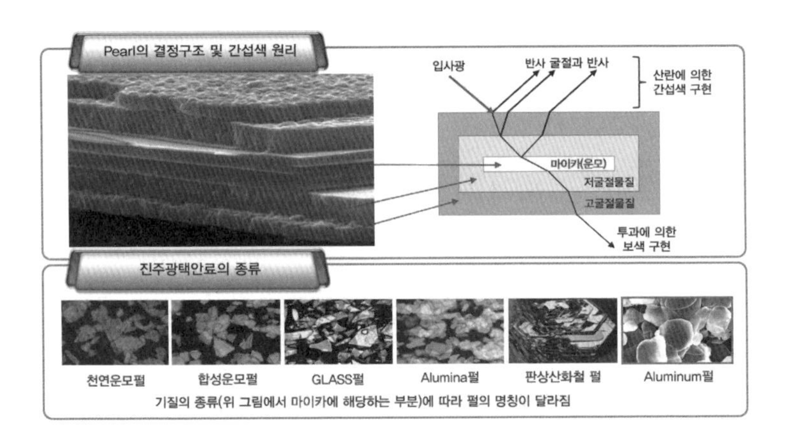

각도에 따라 구현되는 색상이 다른 Multicolor 제품 개발

다층 코팅 기술의 집약체인 Multiorora® 제품은 보는 각도에 따라 다양한 색상을 나타내는 제품으로서, 씨큐브㈜의 코팅 기술을 보여주는 제품이다. Multiorora® 제품은 현재 Mica와 Glass Flake에 코팅된 제품이 출시되어 있는데 Alumina 기질에도 적용하여 제품 출시를 하게 된다면 더 큰 효과를 얻을 수 있을 것으로 기대된다.

나노조합의 T+2B 사업이 끼친 영향

씨큐브㈜는 사업화 애로사항을 해소하기 위해 T+2B사업의 시제품 제작&성능평가지원을 통해 당사에서 해외 수출에 꼭 필요한 인증인 JHOSPA 인증 평가를 진행하였고 인증을 획득할 수 있었다. 또한 판매 중인 전제품을 인증하기에는 비용이 많이 발생하므로 일본 시장에서 요구하는 제품들 위주로 선 인증하고 JHOSPA 인증 완료 후 일본 내 플라스틱 사출 업체 등에 자사 제품과 JHOSPA 인증서를 함께 제공하였고 적극적인 홍보를 진행하였다. 이를 통하여 일본 시장 진출의 발판을 마련하여 Global 업체 담당자들과의 미팅 및 각종 해외 전시회 참가를 통해 자사 기술력을 홍보한 결과 시장 점유율이 높아지고 매출 향상 효과를 얻을 수 있었다.

T+2B 사업에서 가장 만족스러웠던 점

당사는 기존 형성된 딜러를 통해 다양한 국가에 진출해 있었고, 본 사업을 통해 해외 바이어 발굴 및 신규시장진출이 더욱 용이해진 것은 사실이다. 태국, 인도네시아, 중국, 요르단, 러시아, 벨기에, 이집트, 일본, 미국 등 다양한 지역에 진출할 수 있는 교두보를 마련하는 수요연계 측면에서 많은 도움을 받았다. 기존 제품은 우수한 성능에도 불구하고 국제적 공인성적서가 없어 제품의 성능을 인정받는데 많은 어려움이 있었으나 JHOSPA 등록을 통해 국제적으로 우수한 성능을 인정받을 수 있었다.

나노융합적용사례 & 기업스토리

영일프레시젼

영일프레시젼(주동욱 대표)는 방열부품인 알루미늄 히트 스프레더를 생산, 공급하는 세계적인 기업이다. 히트 스프레더는 반도체 부품의 열적 안전성을 높이기 위한 부품으로 대부분의 칩 부품에 탑재가 되고 있다.

히트스프레더 분야 독보적인 기술력으로 글로벌 파운드리업체(Global Foundry)를 주요 고객사로 보유하고 있다.

하지만, 최근 방열컴파운드를 개발하여 새로운 매출 창출을 노리고 있다. 방열 컴파운드는 반도체 회로에서 발생하는 열을 분산·방출하는 재료로 영일프레시젼에서 최초로 개발한 나노소재가 적용된 제품이다.

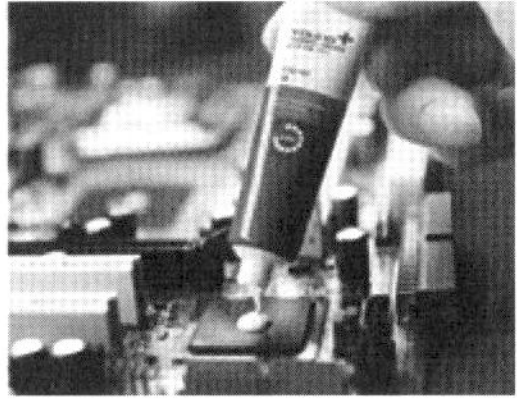

영일프레시젼 나노기술 적용 제품

방열컴파운드의 경우 기존 히트 스프레더와 기능은 유사하지만 다른 분야로 해외 선진기업들이 시장을 점유하고 있어 후발주자로 시장에 참여하여 수요처를 찾기란 어려운 상황이다. 이러한 어려움을 극복하기 위해 T+2B 사업에 참여하기 시작하였다. T+2B 사업의 시제품개발/성능검증을 통해 열전도율을 5W급까지 끌어 올린 제품의 개발을 성공하였다.

이를 통해 초기 적용 목표였던 현대자동차 외에 레이저장비기업, 가로등, LED조명, 태양광 전력설비, 신재생에너지 장비 등 다양한 분야 수요처에게 적용되는 성과를 창출하였다.

주동욱 대표는 방열컴파운드를 시작한지 1~2년 밖에 되지 않았지만 열관리가 필요한 대부분의 분야에 필요한 제품으로 수요가 늘어날 것으로 판단하고 있다. 1~3W급 방열컴파운드가 주력이었지만 나노조합의 시제품개발/성능검증을 통해 5W급의 제품을 개발하게 되었고, 이를 통해 기존 목표 고객이었던 현대자동차 외에 다양한 기업과 연결되는 계기가 되었다.'며 T+2B 사업에 고마움을 표현하였다.

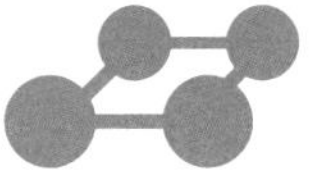

4장

그리고
더 하고 싶은 이야기

나노사업화에 엄청난 족적을 남긴 분들의 진솔한 이야기

짐 로저스는 살아있는 투자의 전설이다. 세계적 투자의 귀재이며 지금도 한국에 대한 애정과 충고를 아끼지 않고 있다. 한 인터뷰에서 "통일한국에 대해 자신의 전 재산을 투자하겠다"고 낙관적 견해로 단언하는가 하면, 자신의 저서《세계에서 가장 자극적인 나라》에서는 '세계에서 가장 역동적인 나라'라고 찬미하기도 했다. 최근에는 코비드19로 인한 경제위기를 진단하면서《위기의 시대, 돈의 미래》에서는 세계 대공황을 능가하는 광범위하고 치명적이라는 전망을 하기도 했다.

그런 그가 "최근 한국이 급격히 일본을 닮아가고 있다"며 "한국 청년들이 사랑하는 일을 찾지 않고 무조건 안정적인 공무원이나 대기업만 쫓을 경우, 5년 안에 활력을 잃고 몰락의 길을 걸을 것"이라고 경고했다.

코비드19의 보이지 않는 위험에 대처하며

짐 로저스만이 아니다. 한국에 대한 국내외 석학들의 "위험한 한국, 이대로 좋은가?"에 대한 끊임없는 경고가 이어지고 있다. 사회지표와 분위기를 보면 더욱 실감난다. 불명예스런 세계 1위가 많다. 자살율, 노인 빈

곤율, 교통사고율, 빈부초격차 등이 그것이다. 어떤 이는 지나치게 높은 대학 진학률과 일류대 입학열기를 꼽기도 한다. 이에 따른 '치맛바람'은 여러 형태로 변신하여 우리 사회의 각종 문제를 야기하고 박탈감을 주고 있다. 최근에는 아파트 가격이 천정을 뛰어 넘고 있다. 3~40대는 "영끌투자"라는 이름이 회자될 정도로 내집 마련에 온 인생을 걸고 있다.

설상가상으로 코비드19가 생존을 위협하고 있다. 세계적 팬데믹이 1년 이상 지속되고 있으며 사회적 완치(코로나19의 해소)는 아직 그 단서조차 찾기 어렵다. 또한 코비드19는 사회적 약자, 자영업자에게 가혹한 시련을 안겨주고 있다. 다행인 점은 우리나라의 코비드19 대책은 세계 1류 수준이다. 질병관리청을 중심으로 한 방역대책이 대체로 효과를 발휘하고 있다.

나노조합의 경우는 어떠한가? 보이지 않는 세계, 나노기술의 사업화를 위해 연결과 거래 성사를 위한 프로모션의 여건이 근본적으로 변화되어 버렸다. 그간 성과를 자랑하고 나노기업간 B2B의 장인 '나노코리아'는 온-오프라인 변신을 꾀하고 있으며, 나노분야 국제전시회는 한국, 일본, 중국을 비롯한 각 국이 취소되거나 대폭 축소되었다. T+2B시연장의 수요기업 내방과 수급기업간 기술거래 상담은 겨우 명맥을 이어 가고 있다.

필자는 나노기술산업화를 위해 20년간 열정적으로 일해 왔다. 산업부, 과기부의 합심협력을 위해 다리를 놓기도 했다. 나노조합과 나노기술협의회의 구성에 초석이 되었고 사무국장을 20년 하여 왔다(협의회는 9년) 당시 나노기술은 미래성장동력으로 엄청난 스포트라이트를 받고 등장했지만, 2001년경에는 미국/일본 등에 비해 기초연구와 전문인력이 터무니 없이 모자랐고 기업체수는 20여개사 정도였다.

한마디로 2000년대 초기에 나노분야 선진국인 미국, 일본, 영국, 러시아, 독일 등 EU가 중심이라면 한국은 변방에 불과하였다. 일본, 미국 전시회에 참관단을 꾸려 참석하는 데 공식 참가인원이 2~300명 되고 비공식의 경우는 5백명으로 추산되기도 하였다. 인력, 시설, 장비 등 모든 것이 열악했지만 정부의 강력한 의지와 예산 투입으로 나노경쟁력(미국기준)은 2000년 초기 25% 수준에서 2019년 기준 85% 내외로 올라섰다.

정부의 아낌없는 투자와 더불어 산학연관이 한 팀처럼 뭉친 결과이다.

변방의 나노기술 약소국에서 20년만에 나노기술 일류 강국이 된 것이다. 불과 20년이 채 되기도 전에 나노기술 4위권으로 올라선 것이다.

不狂不及

불광불급이란 어떤 일을 시작할 때 미치지(狂) 아니하면 미치지(及) 못한다는 사자성어이다. 나노일류 강국반열에 올라선 것은 지난 20여년 동안 수백 명에 달하는 전문가, 기업인, 정책담당자들이 땀과 집념이 배어난 탁월한 실적이라고 국내외에서 평가받고 있다. 기억나는 것은 대만의 대형나노사업단과의 교류에서 "한국처럼 R&D를 지속지원하고 인프라를 구축해주는 환경에서 일해보고 싶다"며 감탄하고 부러워하던 일이 대만 나노단장의 이야기이다.

나노 관련 조직도 다양하게 늘어났다. 나노융합산업연구조합, 나노기술연구협의회, 나노코리아조직위원회, T+2B센터 및 4개 분과 위원장사

나노인프라협의체(나노종합기술원 등 인프라 7개 기관 + 연합체), 나노2020 사업단, 나노정책센터 등 특화된 기관과 더불어 각 출연기관에 나노융합본부가 신설되었다.

이러한 지원에 힘입어 2001년 24개 업체에 불과하던 나노기업이 2019년 현재 800여개 기업으로 크게 늘어났다. 매출은 나노기술 순증기준 28조(반도체, 디스플레이 포함 시 142조), 고용은 4만 명에 달하고 있다. 돌이켜보면 2011년경 나노기술 사업화에 대한 기대는 컸지만 사업화 실적은 매우 부진했다고 기억된다. 나노사업화에 대한 회의적인 시각도 많아지고 있었고, 특별한 성능을 확보한 소재기업들이 도산하는 경우도 많았다. 나노사업화를 프로모션하는 입장에서 매우 곤혹스럽고 안타까움의 연속이었다.

그 변곡점은 나노코리아의 누적된 성과를 T^{+}2B 사업으로 접목하여 수많은 기업들의 폭발적인 반응과 국내외 전시회 등 종횡무진의 활동결과라고 생각된다. 필자가 팔색조 같은 역할을 하던 때였다. 항상 "프로는 어떻게 하는가?"를 되새기곤 했다. 직업인으로서의 프로페셔날, 나노사업화 붐을 일으키는 프로모터를 양 축으로 삼았다. 그에 파생하여 조정자, 협상자, 연결자, 행사주최자 등의 역할을 통해 한국의 나노기술을 '변방에서 중심으로' 지향하는 자세를 견지해왔다.

한국 나노기술 사업화를 주도한 사람들

이제 본격적인 나노기술 사업화하는 기업이 주도한 시대가 도래하고 있다고 확신한다.

그 중 몇 분의 업적을 소개하고자 한다.

첫째, 나노연구조합 초대이사장 이희국님이다. 나노기술 불모지에서 산업계의 대표로서 학연을 협력분위기를 만들고 정부의 신뢰를 얻어가는 과정 자체가 한 편의 실록을 보는 것 같다. 그러한 분의 경영철학을 소개드린다.(추천사 참고)

둘째, 탁월한 연구성과를 사업화한 사업단장 한양대 안진호 교수이다. 반도체 선폭의 미세화는 '무어의 법칙'을 따라 발전해 왔다고 한다. 2002년 그러한 '무어의 법칙'이 벽에 부딪쳐 있을 때 한국에서는 불모지나 다름없는 'EUV리소그라피' 과제를 기획하고 공동연구개발을 통해 사업화에 성공한 매우 드물고 크게 기여한 분이다. 나노조합의 제1호 과제이기도 하다. 성공의 뒤안길에 고민하고 동분서주하며 소속이 다른 컨소시업과제의 구성원들을 한 팀으로 만들어 과정을 상상하면서 읽어보면 감동하리라 생각한다. 한 편의 드라마 같은 느낌이 들 것이다. (p.68 참고)

셋째, '나노의 돛단배를 타고 미래를 꿈꾸다'의 주인공이다. 신생기업 아모그린텍을 창립하여 고군분투하는 이야기가 중심이다. 당시 소재기업이 시장에 진출하는 것이 얼마나 힘이 들었는지 눈에 선하다. 사업화와 비즈니스는 여러 여건이 갖추어지고 시간이 흘러야 성사된다는 말을 다시 한번 느끼게 하는 글이다. 벤처기업 CEO들은 정말 새겨둘 만하다.
(p.105 참고)

넷째, 한국기업은 중국에 이어 베트남에 대거 진출해 있다. 여기에 14년전 베트남의 미래를 예측하고 우리나라 중소벤처기업의 진출과 사업화를 지원하게 된 사연과, 나노조합과 동반자적 협력관계를 구축하고자 하는 열망과 더불어 '경고'도 던지고 있다. 베트남 한인회장으로 신망을 한 몸에 받고 있는 분이다. 현지 파트너로서는 최상이라 믿어진다.
(p.129 참고)

밀레니엄 시대와 함께 탄생했던 대한민국의 나노융합기술은 20년 세월 동안 비약적으로 발전해 왔다. 고락을 같이하여 내 기억에 남는 기업인 또는 연구자는 헤아릴 수 없을 정도로 많다. 최소 1천명 이상이다. 바꿔 말하면 나노소사이어티 수천 명이 합심하고 협력하여 오늘날 산업화 활동지수가 최상인 국가로 발전하는 데 중심적인 역할을 한 것이다.

나노기술의 사업화에 성공한 기업들의 코스닥 상장 지속이 늘어나고 있다. 뉴파워프라즈마, 나노브릭, 나노신소재, 클린앤사이언스. RN2테크놀로지, 제우스 등이다. 2020년 말에는 석경에이티가 상장을 했다. 석경에이티는 2001년부터 나노기업으로 성장해온 나노조합 초창기 멤버이다. 그 외의 수많은 나노기업들도 주식시장 상장을 준비하고 있다. 바야흐로 나노기업의 기술력이 주식시장을 통해 등장하는 시대가 도래하고 있다.

나노연구조합은 R&D 성과 극대화를 위해 컨소시엄형 R&D과제 기술

경영을 최우선으로 두어 왔다. 한양대 안진호 교수는 조합 최초의 정부과제인 EUVL/극자외선 노광기 개발을 총괄하는 사업단장으로 10년간 개발하여 상용화에 성공하였다. S사, D사, H대가 주축이 되어 개발하여 당시 반도체 기술강국으로 지속발전하는 데 획기적인 공헌을 하고 있다.

이때 S사의 기술기획을 담당한 K그룹장은 탁월한 견해와 추진력을 보태어 주었다. K그룹장과 관련한 일화를 하나 소개한다. 일본 나노텍은 매년 1월 말에 개최한다. 나노조합이 참관단/출품단을 구성하여 도쿄 빅사이트 전시장 근처 선루트아리아케라는 비즈니스 호텔에 묵게 되었다. 저녁을 같이 먹고 나서 본인 호텔로 돌아갈 생각을 하지 않았다. 이상하다고 생각하면서도 아주 친한 사이여서 대수롭지 않게 생각하고 같이 한방에서 묵었다. 그런데 훗날 알고 보니, 여건이 꼬여 일본 나노텍의 출장을 오기가 힘들어지자, 일본 나노텍의 실상을 파악하고자 휴가내고 자비항공으로 일본에 온 것이었다. 정말 감동이었다. 새삼 불광불급이라는 글자가 내게 세차게 다가왔다. 새삼 S사의 무서운 저력을 보게 되기도 했다.

나노 생태계를 건강하게 키우기 위한 방편

필자는 2016년 모 나노전문지와의 인터뷰에서 "본격적으로 나노 응용제품이 나오는 시점이기 때문에 나노기술과 타 산업간 융합과 사업화를 위한 액셀러레이터 역할을 통해 유망 기업을 발굴하고 성장하는데 필요한 지원을 하겠다"고 의욕적으로 이야기 한 적이 있다. 또한 "애로사항을 해결해줄 나노기술을 찾아 T^{+}2B 사업을 찾는 수요기업이 늘면서 나노조합 직원들도 나도기업을 단순 홍보하는 입장에서 벗어나 제품 혁신에 필요한 기술 자문과 매치메이킹을 주도하는 주체로 거듭나야 한다"고 말하기도 했다.

나노기술은 경박단소화에 특화돼 있다. 여기에 더해 4차 산업혁명 시대를 맞아 전자파 차폐, 항균, 발열, 방열, 단열 등 극한 기술을 지향하는 기업들이 기술 한계를 극복할 수 있게 하는 부품과 소재로 더욱 주목받고 있다.

이제 나노기술을 배제한 신제품 개발을 생각할 수도 없고 세계 일류 상품이어야만 살아남는 기업환경 변화에 나노기술이 핵심을 담당하고 있다.

2019년과 2000년 나노코리아-산업화세션에서는 LG와 삼성이 협력하여 특별세션으로 개최되었다. 5G통신과 플렉시블 기기 구현을 위해 필요한 기술과 응용제품 개발에 대한 관심도를 반영하였다. 또한 기술력이 뛰어난 중견중소기업들도 기술발표를 하였다. 대-중소 상생협력을 지향하였다. 관심도를 반영하듯 엄청난 방청객이 쇄도하였다. 예정된 좌석을 훨씬 넘어서 50% 정도는 서서 3시간 강연을 꼬박 들을 수밖에 없었다.

또한 나노조합은 산림과학원과 한솔제지, 무림제지 등과 협력하여 '나노셀룰로우스 산업화포럼'을 개최하였다. 코로나로 인해 200명으로 조기 마감하였다. 추가 등록을 받지 않는다는 항의에 곤욕을 치르기도 했다. 신기술발표회에는 전문가들의 관심이 뜨거운 것을 새삼 확인하는 계기가 되었다

이제는 나노산업 생태계를 좀 더 건강하게 키워야 한다. 나노융합기술을 얘기할 때 업계에서는 공급기업과 수요기업이라는 표현을 쓴다. 정부에서는 '생태계 조성'이라는 말을 좋아하는 것 같다. 조성은 정책의지로 밀어간다는 의미가 강한 것 같다. 필자는 '생태계 구성'이 더 좋다고 여겨진다. 구성은 현재의 상태를 존중하면서 점진적인 변화를 이루어가는 의미가 있다고 여겨진다. 그래야만 탄탄하고 내실 있는 변화를 가져올 것 같다.

나노기술은 산업경쟁력을 가져온다. 또한 분자 이하의 영역을 다루므로 획기적인 물성변화를 가져올 수 있다. 즉 신소재가 개발되는 것으로 간주하면 된다. 또한 나노화는 단위 소재당 표면적이 폭발적으로 늘어나므로 극소량으로도 성능을 유지할 수 있다. 바꾸어 말하면 같은 성능을 내기 위해서 기존 재료 중량의 1/100 정도로도 가능할 수 있다. 이는 에너지와 비용을 획기적으로 줄이므로 환경 친화적이기 까지 하다.

"콩 심는데 콩나고 팥 심는데 팥난다"는 말이 있다. 산업경쟁력의 핵심인 나노기술 산업화를 이루기 위해서는

첫째, 정부의 지속적이고 규모 있는 R&D 지원이 지속되어야 한다. 나노기술 사업화는 이제 청년기에 접어든 것으로 보인다. 세계 일류기술과 경쟁력이 많지 않은 한국에서 나노기술은 국가성장동력이 되고 있다. 과감하고 지속적인 정부지원 절실하다.

둘째, 기존에 수요기업과 공급기업을 중심으로 구성되어 있는 생태계

와 가치사슬을 윤기나게 가다듬고 보완해 나가는 정부정책이 반영되기를 희망한다. 정책적 가이드라인이 필요한 시기라고 보여진다.

셋째, 안전성 문제는 정부주도로 해결해야 한다. 점점 더 나빠지고 있는 지구 환경의 질 문제와 관련해 선진국에서는 더욱 강화된 물질 안전 규제에 나서고 있다. 또한 가습기 살균제 피해 사례에서 보듯이 일상적인 생활제품의 사회적 안전성 이슈가 날로 커지고 있다. 이런 문제는 개별 기업이 해결하기가 어렵다. 정부가 객관적 자료나 표준을 마련해줄 필요가 있다. 또한 미국, EU 등의 과도한 규제도 해결해야 한다. 관련정보 습득 채널 구성이 필요하다. 하지만 이는 정부만으로는 한계가 있는 것이 현실이다. 정부와 산업계, 연구계가 머리를 맞대고 대응전략을 고민해야 할 때가 온 것이다.

나노의 스타를 키워야 한다

나노산업을 활성화하지 않으면 안 되는 이유가 세 가지 있다. 일단 우리 주력산업이 어렵다고 하는데 그 경쟁력을 높이기 위해서 필요하다. 두 번째는 새로운 미래를 열어가는 데 나노기술이 필수적이다. 마지막으로 우리는 잘할 수 있는지 자문해봐야 한다. 우리나라는 제조업이 강한 나라다. 성장 기반은 마련돼 있다고 본다.

어느 분야 특허가 가장 가치 있느냐를 나타내는 특허가치지수라는 지표가 있다. 경제성, 기술성을 따졌을 때 나노기술이 월등하다는 자료가 있다. 나노는 굉장히 급진적인 기술이다. 현재 장애를 풀어가는 돌파형 발명이다. 전통 주력 산업인 자동차, 조선, 가전, 디스플레이 모두 어렵다. 이 어려움을 돌파할 수 있는 기술력을 나노가 갖고 있다. 추격하는 중국과 차별화할 수 있는 기술도 나노에 있다.

우리나라는 정권이 바뀌면 하던 것도 안 한다. 과학기술분야는 그나마 다행이어서 정권이 바뀌어도 하지 말라는 소리는 안 하지만 꾸준히 이어가려면 나노산업에 함께하고 노력했던 사람들이 같이 이 산업을 위해 노력해야 한다. 또 하나의 위협요소는 나노산업이 슬럼프에 빠질 가능성이 있다. 산업 초창기인 2001년에서 2005년 사이에 굉장히 우수한 사람들이 모여서 산업을 이끌어 왔는데 그 사람들이 중량급의 사람들이 되다보니 그 밑의 하부구조가 조금 약한 것이다. 의사로 비유하면, 인명을 구하는 것은 외과의사들인데 성형외과의사만 있는 모양새이다.

나노가 10억분의 1 미터라고 하잖은가. 그렇다면 그 밑에는 없는가? 그 밑으로도 펨토, 아토 이렇게 쭉 작아지는 단위가 있다. 그런데 왜 나노가 이렇게 중요한 것일까? 첫째는 나노사이즈에 가면 기존의 새로운 물질을 개발하지 않아도 새로운 성능이 나오는 것이고 두 번째는 그것을 컨트롤해야 새로운 반응이 나올 수 있는 것인데 펨토나 아토는 아직까지는 컨트롤이 불가능하다. 그것은 우연히 나온 일인데 과학은 우연히 나오면 안 되는 것인데 나노 쪽에서 컨트롤이 가능하게 된 데까지 20년 가까이 걸렸다. 그래서 이제는 나노산업이 꽃을 피울 때라는 것이다. 그런데 그것이 기능은 되지만 기술 쪽에서 가장 취약한 부분이 사람 손으로 컨트롤을 못하면 기계로 해야 되는데, 그 지점에서 장비산업이 파생되는 것이다. 이 산업은 장기전으로 가야 되는데, 우리나라는 진단키트 측정분석 분야가 기본이 되고 그 다음에는 생산장비가 나노에 맞게 제작되어야 되는 것이며 여기에서 훌륭한 사람들이 많이 나와야 된다. 한 가지만 더 얘기하자면, 한국이 항상 외국과 비교될 때에는 미국, 일본, 독일, 영국 등 우리나라는 그 기준에서 60%, 70%, 80% 정도의 수준이라는 얘기를 많이 한다. 그런데 나노분야는 특이하게도 훌륭한 인재가 많이 와서 외국과의 기술격차도 거의 없다. 그래서 지금 현재 나노분야에서의 산업 활용에서는 우리나라가 일본하고 각축을 벌인다. 한국이 세계 4위라고 하는데 기초과학에서 3위 4위는 엄청난 것이다. 앞으로 더욱 발전해서 한국 나노제품이라고 하면 이게 브랜드가 되게 해야 된다. 최근에 나노산업분야에서 일본도 잘 하지만 한국도 무시못한다. 미국은 학술적으로 안 그렇고 독일

쪽은 내가 잘 모르지만 어쨌든 현재, 기술쪽으로 가는데 장비분야로 이전 것은 우리나라가 약하다. 지금 기회가 굉장히 열려 있고 나노기술을 가지고 있지 않으면 앞으로 생존이 안 된다. 예를들어서 IT쪽에서도 기본 소재가 나노쪽 사이즈가 되지 않으면 민감도라든가 열에 못 견딘다. BT도 마찬가지다. NT, IT, BT가 축이 됐는데 최근에 IT는 워낙 시대적 흐름의 중심이 되었지만, BT도 나노기술이 뒷받침이 되지 않으면 발전하기 어렵다. 생명하고 관계되기도 하고 또, 투자에 관계되다보니 더 그렇다. 그런데 정작 보이지 않는 곳에 경쟁을 가져오는 NT 쪽에서는 황우석 같은 스타가 없다. 사실 스타도 있기는 있었지만 모두가 나노산업의 본연의 일은 안 하고 정부부처나 기관단체 장으로 가다보니 맥이 끊겨 버렸다. 아쉬운 것은 황우석 같은 산업계의 스타가 필요한데, 없는 것이다. 황우석이 가장 잘한 것은 바이오에 미친 이지영 생명공학과장을 만났고 그 사람의 강점은 굉장히 알아듣기 쉽게 대중들에게 설명하고 희망을 갖게 한 것이었다. 그런데 나노 쪽에서 일하는 사람들은 굉장히 과학적이어서 나노미터 단위부터 시작해서 어려운 말로 풀어버린다. 그래서 내가 앞서 "컨트롤 할 수 있는 가장 최소단위다" 라고 말한 게 우리가 세바시(세상을 바꾸는 시간) 같은 프로그램에서 나노를 주제로 할 때 인기있게 하려면 스타가 필요한 것이다. 지금 협의회의 서울대 교수가 있는데, 그런 사람 정도 되면 할 수 있을 것 같다.

20년 열정을 돌아보며 타인의 힘에 감사합니다

이 책의 마지막 글에서 갑자기 경어체 문장을 쓰는 이유를 밝히고자 합니다. 그건 바로 오늘의 한상록이 있기까지 곁에서 지켜봐주고 도움을 주셨던 선배·동료 나노인들과 어려울 때 힘이 되어 주셨던 후배 직원분들께 감사의 마음을 전하기 위해서입니다.

지난 20년간 열과 성을 다해왔습니다. 2001년 얼떨결에 나노조합 창립 멤버가 되어 20년을 살아왔습니다. 나름 성과도 있다고 생각했습니다.

나노기술 태동기이고 정부의 나노기술육성정책이라는 시기와 절묘하게 맞아떨어진 행운이 있었기에 힘들어도 힘든 줄 모르고 뛰어 다녔습니다.

사무국장이라는 책임자 직함이 셋이 되기도 했습니다. 나노조합 사무국장, 나노협의회 사무국장, 나노코리아조직위 사무국장이 그것입니다. 그 직함마다 기획을 하고 실행을 위해 산학연관을 결집하였고 나노코리아 전시/심포지엄을 18회 개최해 보았습니다. 그 외 R&D, T+2B센터에 혼신을 다하기도 했습니다.

그런데 그 성과를 돌아보니 위로는 이사장님을 비롯 임·회원사의 적극적인 지원이 있었고, 아래로는 함께 고락을 같이한 직원들의 멤버십과 노고가 있었습니다. 더 크게 본다면, 큰 판을 벌여주신 정부부처가 있었기에 가능한 일이었습니다. 정책담당자들의 지속적인 관심과 격려를 받았습니다. 그것뿐이 아닙니다. 좌우를 둘러보니 수백 명의 전문가와 수많은 관련기관들이 웃으면서 호응을 해주었습니다.

한상록의 직업은 무엇이라고 정의할까를 생각해 보았습니다. 분석하고 정의하기를 좋아하는 서양 사람이 일컫는 직업은 참 다양하게 표현합니다. Job, Trade, Career, Business, Employment, Occupation, Profession, Vocation, Calling 등이 있습니다.

사무국장의 포지션은 이중적입니다. 직원의 급여를 책임져야 하는 자리이니까요. 그런 포지션에서 중압감도 있지만, 가정생활을 영위하기 위해 급여도 필요했으니까요. 그래서 사무국장의 포지션은 이중적입니다. 그런데, 급여일이 되면, "왜 이리 월급날이 빨리 돌아오나?"라는 생각을 먼저 했으니 Job, Trade, Career, Business, Employment 성향이기 보다는 Profession, Vocation 근처에 있었던 것 같습니다

에머슨이 말한 성공의 비결은 "잘하는 일 + 하고 싶은 일 + 자신감을 갖는 일"이라고 했습니다. 로댕은 자기 직업에 대하여 세 가지 태도를 가져야 한다고 주장합니다. ①네 직업을 사랑하여라 ②네 직업에 긍지를 가져라 ③네 직업에 충성하여라. 내 자신은 위 두 사람이 말한 성공과 직업관에 대해 어느 정도 부합하는지 생각해보기도 하였습니다.

제가 잘한 일은 적고 못한 일들은 너무 많으리라 알고 있습니다만, 잘한 일 중 세 가지를 꼽아 보겠습니다.

우선 직업인으로서 나노기술 사업화를 일생의 화두로 삼고 실행을 우선하여 왔습니다. 나노기술이 변방에서 출발하여 기술혁신의 중심으로 자리한데 대해 자긍심을 느낍니다.

다음으로 "리더의 나침판은 사람을 향한다"를 말을 명심하고 실천했습니다. 우리 인재교육은 정답을 찾는, 수능시험과 같은 숫자에 매몰되어 있는 것 같습니다. 그런데 세상일은 정답이 정해져 있지 않은 게 대부분입니다. 나노조합 직원들이 인재가 될 수 있도록 "다르게 생각하라! 나노조합이 하면 다르다"고 이야기 할 수 있어야 한다고 강조해 왔습니다. 차별화에 대한 관점을 배양해 왔다고 생각합니다. 그 점에 대해서 나노조합 직원들은 스스로 성장하는데 상당수 직원들이 감사하다는 이야기를 하기도 합니다.

N그룹 L회장님은 "감사하라! (감사일기를 쓰고 감사편지를 보내라!) 일상을 노래하라!, 주 예수를 믿어라!"고 합니다. 그 중 감사와 노래는 꼭 실천하고 싶습니다.

세 번째는 일상생활에서 오는 잡념과 찌꺼기를 매일 정화해 왔습디다. 10년 전부터 몸과 마음을 다스리고 치유하는 '단전호흡'을 해왔습니다. 몸과 마음을 매일 다스리니 평온함과 활력이 넘치고 부가적으로 나노기술 사업화의 아이디어가 샘솟아 업무에 큰 도움을 체험하고 있습니다.

켄트키스는 '리더의 역설적 10계명'(제목은 그래도~Any way)에서 세상은 미쳐 돌아가고 있다고 서문을 엽니다. 나 역시 그 말에 동감합니다. 그 중 "People really need help but attact you if you do help them/도움이 필요한 사람들에게 도움을 주고도 공격받을 수 있다 그래도 사람들을 도우라"는 철학적 의미를 담고 있는 것 같습니다.

현대 철학자이며 장자학의 전문가인 최진석 교수는 정당과 기업의 정의에 대해 신랄히 비판합니다. 정의가 제대로 안 되어 정당은 정권 쟁취가 목적이 되어 있고 기업은 이윤 추구가 목적이 되어서 세상이 어지럽다고 합니다. 정당의 정권 창출은 수단이어야 하고 목적은 국태안민이어야 하고 기업은 이윤 추구가 수단이어야 하고 사회 기여가 목적이어야 한다고 주장합니다.

또한 한근태 작가는《몸이 먼저다》라는 저서에서 가장 우대하고 관리해야 하는 것이 자기 몸이라고 주장합니다. 공병호 작가에 따르면 "유대인들은 철저함이 있다. 즉 자신이 가지고 있지 않은 것에 대해서는 생각하지 않는다"고 소개합니다.

필자는 위 세 가지를 섞고 버무려 새로운 파이를 만들고자 합니다. 데이비드 브룩스가 이야기한《두 번째 산》으로 건너가려 합니다. 저자가 말한《두 번째 산》의 매력은 "삶은 '혼자'가 아닌 '함께'의 이야기"라는 데 격하게 공감하기 때문입니다.

우선 단전호흡/국선도를 제대로 體智體能하고자 합니다. 그리고 여력이 생긴다면, 지도력이 생긴다면 경로당을 두어 군데 다니면서 요즈음 천

덕꾸러기 신세가 된 노인들과 어울리고 싶습니다. 단전호흡을 같이 하여 신체와 정신의 온전함 유지에 도움이 되고 싶습니다. 그렇게 담담하게 살아가는 것도 의미있는 일이라 확신하고 있기 때문입니다.

나노기술사업화를 인생의 의미로 여기고 살아온 것처럼!

위대한 인류의 스승이신 부처님은 탐진치(貪瞋痴)에서 벗어나라고 하십니다. 용맹정진을 몸소 보이셨습니다. 필자는 부처님의 발끝에라도 다다르고 싶습니다. 그럴려면 잠재의식까지도 과거로부터의 결별을 받아들여야 한다고 생각합니다. 이는 내게 절실한 문제이고 관계의 문제입니다……. 미국의 신학자인 라인홀트 니부어는 《평온을 비는 기도》에서 "내가 할 수 없는 일을 받아들이는 평온함과 내가 할 수 있는 일을 받아들이는 용기와 그 둘을 구분하는 지혜를 주소서"라고 갈구하고 있습니다.

이제는 다름을 다른 길에서 찾고자 합니다. 남은 삶은 기도와 봉사를 다짐합니다. 인생의 의미를 부여하고자 합니다. 지금까지 지켜봐 주시고 사랑해주신 모든 분들께 진심으로 감사드립니다.

나노연구조합과 함께했던 아름다운 순간들

* 스스로를 낮추지만 최고를 지향하는 조직

나노조합 입사 후 회의 중에 자주 듣게 되는 말이 "우리는 일류(一流)가 아니다. 이류(二流)이다"라는 말이다. 이 말은 한상록 전무님께서 자주 쓰는 말씀이다. '대한민국은 서울대, KAIST 등 명문대 출신들에 의해 사회가 움직이고 있고, 일류에 속하지 못하면 크게 성장하기 어려운 구조'란 의미이다. 처음 이 말씀을 들을 때 상당히 기분이 좋지 않았다. "직원들을 대놓고 무시하나?"라는 생각이 들고, 자존심이 상할 때도 있었다. 그러면서 덧붙여 언급하시기를 "우리는 주류가 아니다. 하지만 비주류가 모이면 최고가 될 수 있다"라고 말씀하신다.

우리는 비주류임을 인정한다. 그리고 대외적으로 '일을 참 잘한다'라는 소리를 많이 듣는다. 하지만, 다른 기관들로부터 하루아침에 이러한 말을 듣게 된 것은 아닐 것이다. 조합에서는 어떠한 업무 혹은 행사가 끝나면 다음날 아침 전체회의를 통해 정리의 시간을 갖는다. 잘못된 점, 잘된 점에 대해 전 직원이 돌아가며 발표하고, 향후 동일한 실수가 반복되지 않기 위한 노력을 기울인다. 처음 이러한 모습을 접할 당시에는 내가 북한사회에 속해 '자아비판'을 하고 있는 것은 아닌가 하는 생각이 들기도 했다. 하지만, 지금은 생각이 많이 바뀌었다. 스스로를 반성하면서 향후 더 만족할 만한 결과를 얻을 수 있음은 우리를 성장시키고, 경쟁력을 높일 수 있는 큰 밑거름이 되고 있다.

또한 나노조합은 '디테일이 강한 조직'을 표방하다. 업무를 추진함에 있어 겉으로 보이는 결과는 유사할 수 있지만, 보다 깊이 고민하고 디테일한 부분까지 접근함으로써 결과의 질은 다를 수 있기 때문이다. 나노조합은 대외적으로는 일을 잘하고, 액티브한 조직으로 인식이 되고 있으면서도 스스로를 최고라고 언급하지 않는다. 이러한 면에서 나노조합은 쉬지 않고 스스로를 담금질하는 겸손한 조직으로 인식되고 있다.

— 김경환(사업화지원팀 차장)

* 독서를 통해 간접적으로 경험하라

입사 한 달이 지난 후 전무님과 첫 면담을 했다. 전무님은 "직접 경험하면 좋지만 시간과 공간적 제약이 있으니 독서를 통해 간접적으로 경험해라"라고 하시며 독서의 중요성을 강조하신 것이었다. 그 말씀과 함께 면담에 참여한 사원들에게 《백수의 1만 권 독서법》이라는 책을 선물해 주셨다. 이 책은 나에게 독서를 습관화 하는 방법을 가르쳐주었으며 지금까지 내가 책을 읽을 수 있게 해준 의미 있는 책이 되었다.

조합에서는 매달 전 직원 회의를 진행한다. 회의에서 전무님은 외부 사람과의 교류가 많고 여러 회의를 진행해야 하는 조합 업무특성을 고려하여 팀장급부터 신입사원까지 적어도 한 번씩은 발언을 할 기회를 주신다. 전 직원 앞에서 말을 하는 것이 부담스럽기도 했지만 몇 개월이 지난 지금은 무슨 말을 해야 할지 미리 생각하고 어떻게 말해야 직원들이 내 말에 더 귀를 기울일 수 있을까 생각하는 수준까지 발전하였다.

전무님께서 제시하신 방식을 따라서 책을 읽는 방법을 익히고 자연스럽게 사람들 앞에서 말하는 방법을 터득하며 업무에 있어서뿐만 아니라 개인생활에 있어서도 많은 발전을 이루었다.

— 김남영(사업화지원팀 사원)

* 대외 환경변화에 시기적절하게 대응한 리더

2008년 말, 퇴직도 많고 불안정한 회사 운영을 개선코자 외부 컨설팅 업체를 통해 조직진단을 시행했고, 인사 및 복리후생 제도 등 다양한 기반을 재정비하였다. 예를 들어, 신입직원은 초기 일정 기간만 계약직으로 하고 정직원으로 전환을 시킨다는 기준을 세우고, 매년 임금인상은 '하후상박'으로, 사원, 주임 등 저임금 직원에 대한 금전적 보상을 지속적으로 개선했다. 이러한 노력 덕에 당시 대부분의 직원이 현재까지 근무하고 있게 된 것 같다.

2010년까지는 조합 수입의 대부분이 정부 R&D과제 수행을 통해 충당이 되었으나, 2011년부터는 정부 R&D 정책 및 과제 예산 등의 문제로 R&D과제 관리만으로는 조합의 운영 및 확대 발전이 어려운 상황이었기 때문에 조합의 새로운 블루오션을 창출해야 할 시기였다.

그 당시는 국가 차원에서 나노기술을 육성한 지 10년이라 나노소재 및 부품을 개발하고 생산하는 기업도 많아졌으며 나노제품도 급격히 증가했기 때문에, 전무님은 나노기술의 개발과 함께 나노제품의 사업화 지원에 초점을 맞추기 시작했다.

나노기술 자체가 다양한 산업분야의 기술 및 제품과 융합하여 새로운 기능 및 가치를 창출하는 기반적인 성격이 강하며, 나노제품은 나노소재를 적용한 중간재가 대부분이기 때문에, 나노기술의 산업화를 촉진하기 위해서는 나노기업과 수요기업을 연계하고 나노제품을 다양한 산업분야의 제품에 적용하는 것이 필수라는 생각에서였다.

그렇기 때문에 전무님을 주축으로 조합에서는 나노기업의 우수 나노제품을 발굴하여 상설시연장에 전시하고 수요기업을 발굴, 초청하거나 제품거래상담회 개최, 국내외 전시회 참가 지원 등 나노기업과 수요기업 간 연계·홍보를 지원하는 '나노융합기업 T^+2B 촉진사업'을 기획하고 추진했다.

대외 환경변화에 따른 시기적절한 대응과 준비로 현재 조합 수입의 많은 부분을 사업화 지원사업이 담당하고 있으며, 이러한 대응이 없었다면 현재 직원의 반은 이 자리에 없었을지도 모른다는 생각이 든다.

— 김범회(R&D기획운영팀 차장)

* 공부하는 조합을 만들어준 사람

나노조합에 면접을 볼 때 여러 질문을 받았지만, 저는 최근에 읽은 책이 무엇이었냐는 질문이 기억에 남습니다. 꽤 많은 면접을 봤음에도 그 질문은 처음이었기 때문입니다. 책을 좋아하는 저는 신난 목소리로 신인 작가들의 책을 말해서 면접 분위기를 싸하게 만들었던 기억이 납니다. 그럼에도 저를 합격시켜 주셔서 이렇게라도 감사하단 말씀을 드립니다. 책과 이어보자면, 조합은 도서관 같은 곳입니다. 사뭇 정적인 사무실 분위기나 사무실 곳곳에 꽂힌 책들도 그렇지만 전무님과 오래 함께한 직원들 모두 휴먼 라이브러리(human library)이기 때문입니다. 직원들 개개인이 가진 경험과 지식에 신입인 저는 항상 감사를 표하고 있습니다. 그러면 왜 조합은 이런 도서관 같은 형태가 됐을까 생각해 봤더니, 당연히 조직의 상근 책임자인 전무님의 경영 철학 때문이라는 답이 쉽게 나왔습니다. 어쩌면 나노조합은 전무님이 오랫동안 공들인 도서관 그 자체일지도 모르겠단 생각을 했습니다.

입사하고 얼마 되지 않아서 전무님께 저는 제 스스로를 파도가 치는 바다라고 말씀드린 적이 있습니다. 사실은 모든 사람의 인생은 다 그렇다고 생각합니다. 전무님의 바다에는 이미 많은 파도가 지나갔을 테니 이제 남은 날들은 순항하기 좋은 물살이기를 바랍니다.

— 김하늘(사업화지원팀 사원)

* 나노의 정체성과 사업화 촉진의 열정으로 함께했던 시간들

지난 15년간 전무님과 함께하며 마음속 깊이 자리 잡은 전무님에 대한 기억의 종합은 나노의 정체성 찾기와 사업화 촉진의 열정이었다. 매년 우리 회원사를 위해 더 나아가 우리나라 나노산업 발전을 위해 정부 사업 수주에 매진할 수밖에 없었던 상황의 연속이었다. 나노분야 전문가도 기술자도 아니었지만 나노의 정체성, 사업화 촉진에 대한 열정 하나로 정부 담당관을 이해시키고 이해당사자를 설득해야 했던 일들이 떠오른다. 무더웠던 6월의 어느 날, 과천정부청사의 넘어가는 햇빛과 푹푹 찌는 청사 사무실 안에서 와이셔츠와 제안서가 땀에 젖어가며 사업설명을 했던 일들이 떠오른다. 나는 열 번 찍어 안 넘어가는 나무도 있다는 걸 알았다. 하지만 전무님은 결코 이러한 것을 실패가 아닌 시련으로 삼아서 포기하지 않는 정신을 깊이 심어주셨다.

생각하는 리더(팀장)을 만들기 위한 조언/코칭도 항상 잊지 않으셨다. 잦은 회의, 실무에 매진 · 매몰되어 있으면, 미래에 대해 고민하는 시간은 그만큼 줄어들 수밖에 없다고 항상 강조하셨다. 조직을 어떤 방향으로 가게 해야 할지, 조합이 어떤 새로운 역할과 사업에 도전해야 할지 등을 고민하면서 동시에 앞으로 닥칠 수 있는 위험 요소들에 대한 대응책을 마련해 놓는 것이 리더가 진짜로 해야 할 일이라면서 몸소 앞장서서 실천하셨다. 혼자 생각하는 시간을 통해서 앞으로 어떤

변화의 물결이 다가올지 가름해보기도 하고 조직문화를 어떻게 만들어가야 할지 계획을 세우는 것이야 말로 리더의 역할이라고 다그치신 것이 오늘의 내가 만들어진 초석이 아닌가 생각한다.

그동안 몸과 마음 아끼시지 않으며 정말 고생하셨다고 인사 드리고 싶다. 이제 우리 후배들이 개척해가는 나노의 사업화의 스토리를 한발짝 떨어져 흐뭇하게 봐주셨으면 한다. 언제 시간 나면 막걸리 한잔 하며 옛 이야기 나눌 수 있는 우리의 영원한 선배님이 되어 주시길 간절히 기원한다.

— 박재민(사업화지원팀 팀장)

* 겉과 속이 다른 사람

사실 전무님과 일하는 것은 그리 쉬운 일은 아니다.

2010년 전시팀장이 된 나는 전무님과 직접 마주하며 보고하고 대화하는 일이 많아졌는데 하루하루가 고난과 시련의 연속이였다. 우선 생각의 격차가 워낙 컸기 때문에 전무님께서 무슨 말씀을 하시는지 잘 알아들을 수가 없었고 지시사항을 정확히 이해하는 것도 상당한 시간이 걸렸다. 전무님께서는 굉장히 전략적이고 디테일하신 분이셨는데 그러한 전무님의 기대를 충족시키기에 나의 역량은 턱 없이 부족하였다. 그러다 보니 새벽까지 해답을 찾기 위해 전전긍긍하기 일쑤였고 다음날이 되면 자존감이 무너지는 악순환이 계속되었다. 그러던 어느 날 힘들고 답답한 마음에 술을 먹고 사무실에 들어가서 술김에 전무님께 이메일을 보냈다. 표면적으로는 최선을 다하고 있지만 역량이 부족해서 기대에 부응하지 못해 죄송하다는 내용이었지만 자세히 살펴보면 내가 너무 힘드니 이렇게는 더 이상 못할 것 같다는 마음도 함께 담겨 있는 이메일이었다. 맨 정신에는 도저히 하지 못할 일이였는데 술 먹으면 용감해진다는 말은 정말 사실인가보다. 다음날 아침 눈을 뜨고 이미 저지른 어제 일을 떠오르자 막심한 후회와 함께 걱정이 파도처럼 밀려오기 시작했다. 와인 선물 사건 이후 내가 또 괜한 짓을 했구나! 내가 왜 그랬을까. 망했다. 걱정스런 마음으로 출근하여 책상에 앉았고 오늘 전무님 얼굴을 어떻게 보아야 하나 하며 이메일을 체크하고 있는데 전무님께서 새벽에 이메일 답장을 하신 것을 확인하였다. 전무님의 답신 메일은 내가 보낸 이메일의 두 배 정도가 되는 장문이었지만 핵심은 간단하였다.

'박 팀장이 최선을 다하고 있는 것, 지금 박 팀장이 어렵고 힘든 것도 모두 잘 알고 있다. 박 팀장은 앞으로 정말 잘할 수 있는 사람이다. 지금처럼 열심히만 하면 된다. 난 박 팀장이 잘 될 거라고 믿는다.'

겉으로는 까다롭고 거칠어 보이지만 속으로는 정이 많고 다정하다. 전무님은 알고 보면 겉은 직원들에게 까다롭고 무서울지 모르나 속은 누구보다 정이 많고 따뜻한 겉과 속이 다른 사람이다.

— 박주영(전시-국제협력팀 팀장)

*** 위기 속에서 중심이 되어 준 따뜻한 사람**

나노코리아 2019는 436개사 650부스 규모로서 역대 최대였고, 다양한 프로그램과 특별관을 선보이며 양질의 성공적인 전시회로 개최되었다. 2020년 전시회도 2020년 1월 기준 전년 동기간 대비 더 많은 기업과 기관이 참가신청을 하였고 친환경 특별관 런칭 등을 준비하며 순조롭게 준비하고 있었다.

그러다 1월 말을 기점으로 코로나19가 전 세계적으로 확산되었고 SEDEX 취소를 시작으로 국내 및 해외 주요 전시회들이 연이어 취소·연기되기 시작하였다. 출품업체들의 취소·연기 문의가 폭주하였고 당시 참가업체 관리를 담당하고 있던 나는 매일 수십 통의 전화를 받았다.

전화를 받으며 가장 어려웠던 점은 내가 확실하게 답변을 할 수 없다는 것이었다. 코로나19 확진자 수가 들쑥날쑥 하는 상황에서 개최가 될지 안 될지도 장담할 수 없고, 참가업체는 참가비용에 대한 환불과 이월 등이 함께 엮여 있어 매우 복잡한 상황이었다.

전시회 준비를 함에 있어서도 어려운 점이 많았다. 업무를 처리하면서 내가 지금 하는 일들이 코로나19 확산으로 인한 정부의 지침 등으로 인해 하루아침에 물거품이 될 수 있다는 걱정을 달고 살았다. 그러다 보니 정신적 스트레스가 심했다.

그러던 중 2020년 5월 경, 전무님께서 전시회는 무조건 개최한다는 확고한 방향을 주시며, 참가업체의 경우에도 취소할 경우 취소수수료를 전체 면제하고 조합이 다 책임을 진다는 기준을 마련해 주셨다. 어둠 속을 밝히는 등불처럼 전무님의 말씀은 나에게 남은 일정을 헤쳐나갈 수 있는 원동력을 주었고, 우여곡절 끝에 나노코리아 2020은 예정된 날짜에 정상 개최되었다.

— 안동민(전시국제협력팀 주임)

* 나노를 위해서라면 쓴소리도 할 줄 아는 사람

2015년 3월, 전무님을 모시고 전남-대전-광주를 1박 2일로 출장을 다녀오게 되었습니다. 기업방문(파루 강문식 대표)과 전남테크노파크 원장님 미팅(당시 홍종희 원장), 나노인프라협의체 이사회 그리고 마지막으로 광주·전남나노기술연합회 간담회까지 조합 사무실 있는 수원에서 순천, 대전, 다시 광주로 오가는 일정이었습니다.

제가 전무님의 모습에 가장 놀란 것은 1박 2일 일정의 마지막에 있었던 '광주·전남 나노기술연합회'와의 간담회였습니다.

당시 연합회 회장님이셨던 목포대학교 박계춘 회장님께서 회의에 참석하신 주요인사와 전무님, 저를 소개하셨고 다음으로 제가 저희 조합 소개와 최근 활성화된 사업화지원사업을 파워포인트를 통해 발표하였고 대부분 예상되었던 질의응답이 진행되었습니다. 하지만 이상

하게 전무님이 한 말씀도 하지 않고 계셨습니다. 그렇게 제 발표와 질의응답이 끝나갈 무렵, 갑자기 전무님이 손을 드셨습니다.

"제가 한 말씀 드려도 될까요? 저는 지금 여기 계신분들이 무엇을 하려고 모이신 건지 모르겠습니다."

전무님의 폭탄 발언에 회의실은 고요해졌고, 그동안 웃는 표정으로 회의에 참석하신 분들의 표정이 굳어가는 것이 보였습니다.

"지금 광주·전남 지역이 과학기술과 산업분야가 다른 지역에 비해 얼마나 뒤처지고 있는지 알고 계십니까. 이 연합회가 여기서 친목도모를 하고 계실 때가 아닙니다. 지역의 성과물들이 수도권 기업에 이전되고 확산 될 수 있도록 외부 활동을 더 하실 때입니다."

듣기 좋은 이야기만 하고 형식적으로 회의를 참석할 수도 있지만 정말 그곳이 발전하기를 바란다면, 때론 쓴소리도 해야 한다는 것을 배웠습니다. 전무님은 나노분야의 리더로서 단순히 우리 조직만 잘 되는 것을 바라는 것이 아니라 다 함께 잘 되는 그런 큰 그림을 그리고 계시다는 걸 알게 된 알찬 1박 2일 출장이었습니다.

— 양현(전시-국제협력팀 차장)

* 나의 아버지를 생각하게 하는 사람

한번은 전무님께서 서울로 미팅을 가실 일이 있어 동행을 한 적이 있다. 처음으로 단둘이 외부일정을 나가는 상황이라 많이 걱정했다. 전날 밤, 서울로 가는 2시간여의 시간 동안 어떤 말을 해야 할까 생각해 보았다. 긴 시간 고민하며 내린 결론은 '내가 운전하는 동안 차라리 주무시면 좋을 것 같은데……'였고, 그날 나는 늦게 잠이 들었다. 그러나 출발하는 당일 생각지도 못한 일이 발생하였다. 전무님께서는 본인께서 직접 운전을 하신다고 하셨다. 전무님께서는 복잡한 서울길인데 잘 아는 사람이 운전하는 게 더 나을 것 같다고 하시며 굳이 운전대를 잡으셨다. 차라리 내가 운전하면 덜 불편할텐데…… 라고 생각하며 짧지만 긴 여행은 시작되었다.

하지만 나의 지난 밤 걱정은 얼마 지나지 않아 눈 녹듯 사라졌다. 나와 전무님은 이동 내내 전혀 불편함 없이 이야기꽃을 피웠다. 사모님에 대한 이야기, 따님들과 손주들에 대한 이야기, 좋아하는 노래에 대한 이야기, 심지어 전무님께서는 본인께서 좋아하시는 노래를 틀어주시면서 따라 불러주시기까지 하셨다. 개명을 앞두고 있던 나는 개명에 대한 이야기도 하였고, 그때 난 전무님께서도 개명하셨다는 사실도 알게 되었다. 그동안 전무님에 대해 알지 못했었던 많은 것들을 알게 된 시간이었다. 서울로 가는 막히는 경부고속도로에서의 그 시간은 전혀 길게 느껴지지 않았다. 서촌에서 있었던 당일 일정은 마치 동네 어르신과 날씨 좋은 봄날 나들이를 나온 기분이었다.

회사생활을 해 오며 전무님의 그 느낌은 변하지 않았다. 사무실 내 상근임원이신 입장에서 가끔은 업무상 호통을 치시는 적도 있었고, 무서웠던 적도 있었다. 하지만 그 이면에는 전무님 역시 우리네 아버지이셨던 것 같다. 전무님을 볼 때면 아직도 현직에서 회사생활을 하시는 나의 아버지가 생각나기도 한다.

— 유지혁(R&D기획운영팀 사원)

* 사람들에게 평소에 잘하시는 분

전무님의 주변에는 항상 사람이 많다. 업무적으로 엮인 정부관계자, 나노전문가, 기업담당자뿐만 아니라, 향우회, 국선도 등 업무 외적으로도 그렇다.

현웅 : "전무님, 어떻게 주변에 사람들이 그렇게 많으세요? 관리를 위해 따로 하시는 게 있으신 건가요?"

전무님 : "허허. 별게 다 궁금하네. 별다른 방법은 없어. 허허"

현웅 : "예????"

대답을 듣지 못한 나는 얼마 후 그 대답을 우연히 다른사람에게서 얻었다.

건강관련 책을 한아름 구입하신 어느 날. 전무님과 함께 책을 들고 정부를 방문하고, 기업을 찾아갔다. 전무님은 상대방에 안부를 물으시고 책을 선물하시면서 "건강하게 오래 삽시다" 라고 하셨다.

한번은 정부 한 사무실에 들어갔을 때 전무님이 중간에 화장실을 가셨다. 그때 책 선물을 받으신 정부관계자가 "전무님의 사람관리 방법"이란 나의 궁금증에 해답을 주었다.

정부관계자 : "전무님을 잘 모시게나. 좋으신 분이셔."

현웅 : "아…… 네…… 잘 알겠습니다."

정부관계자 : "전무님의 진짜 힘이 무엇인지 아나?"

현웅 : ……(멀뚱멀뚱)

정부관계자 : "대부분 사람들은 뭔가가 필요할 때나 요구사항이 있을 때 연락을 하지. 물론 나도 필요에 의해서 연락을 하는 편이구. 근데 전무님은 평소에 아무 이유 없이 연락을 하시더라. 오늘처럼 말이야. 평소에 안부를 묻는 것, 필요하지 않을 때도 연락을 하는 것. 이런 게 진짜 사람을 관리하는 법인 거지. 좋은 기억이 오래 남거든……"

나노조합 한상록 전무님은 사람들에게 평소에 잘하시는 분이셨다.

— 유현웅(전시 · 국제기획팀 과장)

* 함께 소통하는 상근 책임자

매년 개최하는 저희 회사만의 특별한 행사가 있다 '나노인 등반대회' 나노업계 관련된 모든 사람들이 모여 같이 등반도 하고 함께 화합할 수 있는 자리이다. 등반대회에서 전무님은 항상 강조하셨던 부분이 '혼자가 아닌 함께 하는 것'이라고 말씀하셨다. 격의 없는 편안한 분위기로 아랫사람들과 소통하시는 모습을 보면서 저 역시 회사 내 업무를 할 때에도 또한 회의(행사)를 하면서도 낯가리는 제가 조금씩 변하는 모습을 보면서 전무님의 말씀이 많은 도움이 된 거 같아 뿌듯했다.

성공한 사람들을 보면 공통점이 아침시간을 활용한다는 것이다. 우리 회사는 월요일마다 남보다 빠르게 출근해서 전체회의를 통해 업무를 같이 논의하며 업무의 효율성을 높였다. 또한 전무님께서 매번 새벽 시간에 운동을 하시는 모습을 보면서 작은 습관의 힘을 배울 수 있는 기회가 되었다.

— 이솔희(한국산업기술연구조합연합회 사원)

* 욕심 많은 불도저

2001년 12월, 전무님과 처음 만나 20년 가까이 시간을 함께 해왔다.

창립 이후 사무실 준비부터 시작을 같이했고, 하나부터 열까지 모든 것을 전무님과 함께하다보니 성향, 성격, 습관, 철학까지 대부분 어느 정도 알고 있다고 생각한다.

누군가 전문님을 한마디로 표현하라면 나는 단연코 이렇게 이야기 하고 싶다. 욕심 많은 불도저!

어느 회사나 창립 초기에는 많은 애로가 있기 마련이지만 정부 용역 사업부터 시작을 하다 보니 직원들에게는 생소한 업무이기도 해서 더욱 힘들었던 것 같다. 당시를 회상해 보면 직원들도 힘들었겠지만 전무님은 경영과 실무를 같이 해야 하는 상황에서 숙련도가 낮은 직원과 함께 일하려니 오죽 답답했을까 싶다.

이후에도 계속 전무님의 노력으로 사업도 대폭 증가하고 직원도 늘어 경영의 중요성이 강조될 시기가 도래했다. 이와 함께 전무님의 경영전략도 변화하고 팀장들에게 권한을 주기 시작하여 빠른 속도로 규모에 맞게 조직적으로 변모하기 시작해 지금까지 왔다.

이 과정에서 전문님의 돋보이는 한 마디가 있었다. "책임은 내가 진다. 나를 믿고 너희들은 자신 있게 행동하고 일해라." 무엇이 두려우랴. 다른 팀장들은 어땠는지 몰라도 나는 덕분에 거침없이 일을 추진할 수 있었다. 그래서 지금의 내가 있다고 생각한다.

나노융합산업연구조합은 올해로 20번째 생일을 맞이하게 된다. 전무님의 노력과 헌신으로 여기까지 올 수 있었다고 생각하고 이제 비록 물러나시지만 우리의 마음은 언제나 함께할 것이다.

— 정종일(R&D 기획 · 운영팀 팀장)

*** 나무보다는 숲을 보는 사람**

입사해서 약 12년 동안 나노조합을 이끌어온 전무님을 돌이켜보면 한마디로 정리할 수 있을 것 같다.

1박 2일로 차과장급 워크숍을 간 적이 있었다. 주제는 차별성 있는 나노조합의 역할 변화에 대한 고찰이었다. 직원들은 하루 동안 내내 조합의 역할 변화를 위해 기존 수행하고 있는 사업들이 바뀌어야 할 것들, 추가로 수행했으면 하는 신규 사업들에 대해 치열하게 고민하고 의견을 내었다.

하루 동안 정리한 내용들을 전무님께 보고 드렸더니 전무님께서는 "지금 하는 일도 많은데 저거 다 어떻게 하려고? 버려!"였다. "오마이 갓!" 당연히 주제만 보고 조합의 역할 변화를 위해서는 지금까지 해오던 사업들을 바꾸고 그리고 추가로 우리가 신규로 다른 사업을 수행해야 된다고만 생각하고 의견을 내었다.

그러나 전무님이 주신 의견은 '변화'가 원래의 조합의 역할을 바꾸자가 아니라 기존의 조합의 역할을 정리화하고 그 역할들을 유지하면서 다른 감동을 줄 수 있는 변화를 말씀하신 거였다. 직원들은 변화라는 단어에만 갇혀서 거기에 대한 의견만 냈던 거였다.

전무님은 그런 분이시다.

— 정혜윤(R&D 기획 · 운영팀 과장)

*** 나노조합은 문제를 해결할 수 있는 조직이다**

2015년 봄 무렵 전무님은 대리급 이하 직원들에 대해서 면담을 진행하셨다. 딱히 주제는 없었고, 각자 현재 진행하는 업무에 대한 생각들을 편하게 말하는 자리였다.

내가 진행하는 업무들은 대표, 임원, 교수, 박사 등 가방끈이 길고 전문지식이 많은 전문가들과 진행하는 것이고, 나노조합을 대표해서 모두 '결정', '선택'을 하는 것들이 많아 책임과 두려움이 있었을 시기였다.

그리고, 평소에 전무님은 나노조합 직원은 프로페셔널하다, 외부에서 일할 때는 나노조합을 대표한다는 생각으로 상대를 대하라, 라고 하셨기 때문에, 그 말을 들은 나는 더더욱 부담이 컸었다.

이를 전무님과의 면담 자리에서 이야기를 하였고, 전무님은 생각지 못한 말씀을 하셨다.

"너는 나노조합을 대표해서 일을 한다. 하지만, 모든 일을 책임감 있게 하라는 것이지 책임지고 하라는 것이 아니다. 그리고 나노조합은 네가 문제를 일으키면 해결할 수 있는 조직으로 이루어져 있다."

"그러니, 자신감 있게 행동해라. 어렵고 힘들면 이야기를 해라. 모든 것을 가슴에 묻어두면 힘들기만 하고 해결할 수가 없다."

이때 조직이라는 것에 대해 조금은 이해 할 수 있었고, 나에 대한 자존감도 올라갔었다.

— 최광욱(R&D 기획 · 운영팀 과장)

* 나노융합산업의 개척자

한상록 전무님은 지난 20년간 조합이 현재의 모습으로 자리 잡기까지 무에서 유를 일궈 온 나노융합산업 개척자라고 표현할 수 있겠습니다.

먼저 외부적인 관점에서는 장기간의 공직생활의 경험과 노하우를 바탕으로 나노기술의 산업화를 위한 정부지원의 정책적, 예산적 지원을 이끌어내는 중심에 계셨다고 생각합니다. 나노기술의 산업화를 활성화하기 위해 기업들을 중심으로 꾸준한 네트워킹을 통해 산·학·관과의 관계에서 중간자·구심체로서의 조합의 역할과 존재 가치를 높여갈 수 있도록 선봉에서 이끌어 주셨다고 할 수 있겠습니다.

조합의 근간인 R&D 중심에서 한발 더 나아가 연구개발된 제품들이 다양한 산업분야 수요처와 연계되어 산업이 확대될 수 있도록 대표적 나노분야 사업화지원 프로그램인 $T^{+}2B$를 기획하여 정부의 지원을 이끌어내신 점은 전무님의 가장 큰 업적 중 하나라 할 수 있을 것 같습니다. 이는 나노기업들이 새로운 판로를 찾고 나노기업들이 다양한 산업에 적용/응용될 수 있는 초석이 된 것 같습니다.

내부적인 관점에서는 상근책임자의 위치에서도 업무회의를 통해 조직의 업무 전반은 물론 세부적인 사항까지도 개별 직원들이 방향을 잡을 수 있도록 코멘트를 해주시는 등 작은 부분들까지도 직접 챙기시는 모습은 조직 전체를 이끌어 가는 책임자로서는 쉽지 않은 일이라 생각합니다.

특히, 과장급 이상의 회의 등을 통해 조합 현황진단과 급변하고 있는 환경에서 미래 대응을 위해 직원들과 함께 공감하고 소통하기 위한 노력들을 꾸준히 해오신 것 같습니다.

전사적 차원의 공감과 대안을 만들어 과정에서 모든 직원들이 함께 참여하여 의견을 개진할 수 있는 기회를 주신 점들은 직원들의 소속감을 고취시키는 과정들이었다고 생각합니다.

— 최우석(사업화지원팀 차장)

* 조합이 하면 다르다는 확신을 갖게 해준 사람

'조합이 하면 다르다'라는 말을 너무나도 많이 들으며 자부심을 느끼고 조합 일원으로 되었습니다.

전무님과는 여럿 해외 전시회를 참가하였지만, 그중 '17년도 중국 전시회 참가가 기억에 남습니다. 해외 전시는 처음 준비했었고, 입사한 지 6개월이 안 된 시점이라 많은 것이 버벅거리고 실수투성이였고, 전무님과 전시 참가여서 마음도 무거웠습니다. 하지만 제가 준비 될 때까지 기다려주시고 격려해주셔서 행사는 잘 마무리되었습니다. 또한 전시회가 끝나고 술 한잔 사주시면서 많은 얘기를 해주셨습니다. 그중 저에게는 예의, 인사를 꼭 강조해 주셔서 아직까지 기억하고 있습니다.

전무님은 경조사를 꼭 챙기고 못 하더라도 인사를 하며 때로는 축하를, 때로는 마음을 기댈 수 있는 '굿 리스너'가 되라 하시어 마음에 새겨두고 있습니다.

— 최윤수(사업화지원팀 주임)

* 직원들을 성장시키기 위해 노력했던 리더

나노조합에 입사하고 초창기 때 전무님에 대해 느꼈던 놀라운 점은 "와! 이 나이에도 이렇게 열정적으로 사는 분이 계시는 구나!" 하는 것이었습니다.

전무님께서 외부 분들과 함께하는 자리에서 자주 하시는 말씀 중에 "우리 조합 직원들이 하면 달라요~!!"라고 자신 있게 하시는 말이 참 감사하기도 하고 들으면 기분이 좋았습니다. 우리 직원들 대부분이 나노기술에 대해 전문가는 아니지만, 누구보다도 업무에 있어 책임감 있게 성실하게 해나가고, 그리고 문제 발생 시 많은 고민을 하며 어떻게든 해결해 나간다는 것을 조금은 알아주시는 것이 아닐까 생각해 보았습니다.

그리고, 나노조합 구성원들을 보면 참 보편적이면서 또 이만한 구성원이 없다는 생각도 듭니다. 직장생활에는 '사람과의 관계'가 스트레스에 가장 많은 영향을 주는데, 제가 지금까지 다녔던 직장의 구성원들을 생각하면 그래도 나노조합이 동료 간의 분위기가 가장 좋은 곳이 아닐까 생각합니다. 이런 구성원이 될 수 있던 것도 전무님의 사람들 보는 기준에 의한 것이겠지요.

가끔은 남의 말을 귀담아 들어주지 않는 고집스러운 할아버지, 또 가끔은 생각지 못한 것을 콕 짚어 주시는 지혜를 주는 현자 같은 모습, 그리고 어떨 때는 호통만 치는 무서운 존재, 또 어떨 때는 아빠 같은, 삼촌 같은, 형 같은 친근한 모습으로 직원들을 웃게 울게 하셨지만 결국엔 그래도 직원들을 성장시키기 위해 늘 노력해 주셨던 것만은 확실한 것 같습니다. 가르쳐 주신 것들 잘 활용하며 성장해 나가도록 노력하겠습니다!!

— 함혜민(R&D기획 · 운영팀 과장)